建筑快题设计的核心思维

程泽西　编著

中国建筑工业出版社

图书在版编目（CIP）数据

建筑快题设计的核心思维 / 程泽西编著. —北京：
中国建筑工业出版社，2022.12
ISBN 978-7-112-27839-8

Ⅰ.①建… Ⅱ.①程… Ⅲ.①建筑画—绘画技法
Ⅳ.①TU204.11

中国版本图书馆CIP数据核字（2022）第158683号

责任编辑：吴　尘　段　宁
版式设计：锋尚设计
责任校对：芦欣甜

建筑快题设计的核心思维
程泽西　编著

*

中国建筑工业出版社出版、发行（北京海淀三里河路9号）
各地新华书店、建筑书店经销
北京锋尚制版有限公司制版
天津翔远印刷有限公司印刷

*

开本：880毫米×1230毫米　1/32　印张：9⅞　字数：273千字
2022年10月第一版　　2022年10月第一次印刷
定价：**56.00**元
ISBN 978-7-112-27839-8
（39795）

序 1

近年来，各大高校建筑考研快速设计的考察背景重新回归真实的城市环境，开始关注现存城市问题与社会问题，密切关联学科的发展动向。出题老师逐渐摈弃考察唯空间论的设计策略，积极鼓励学生提出存量背景下城市更新的设计方法，进而解决现今社会的实际问题。除了有些题目在最终呈现上保留了一些地域性，大部分建筑考研快速设计的考察都落脚在复杂且具体的设计环境、矛盾又交织的服务客体、外向而明确的价值取向等。无论哪一点，相较之前套用模板的应试策略来说，都是毁灭性的打击。快速设计本质上依然是建筑设计，只是后者是在"时间有限、限定明确"条件下的建筑设计的另一种表达形式。基于上述快速设计的命题趋势，本书作者总结多年一线快速设计教学经验，凝练提取一以贯之的教学特点，提出了快题设计的核心思维模型。

培养正确的设计观是提升设计能力的根本。只有在上层设计观的统领下，策略、造型、空间、平面之间才能相互印证，也只有在形成设计观层面的共鸣后，学员才能站在出题人、阅卷人的角度审视一个方案的好坏。快题对学生的考察是综合的，与一级注册建筑师考试不同，并不存在一张条目明确的扣分单，于是考生只能通过方案整体达到出题人和阅卷人对能力的期望。好在设计结果的整体性并不意味着训练也必须陷入各种要素相互纠缠的状态，而是形成清晰的设计思路，在有限时间内高效完成方案的设计及表达。

快题设计是建筑学基本功能力的体现，其关注的重点也是学生对于设计任务的整体策略，建立清晰而非刻板套路的思维框架，是学生学习能力的体现。快题的设计过程贯穿了对于任务书的解读、设计策略的判断、切入点的分析、深化方案的能力等一系列考核指标，不仅需要对大量专业基础知识的掌握，同时也须具备大量的案例素材储备。这也反映了快题日常学习的两条路：积累与训练，这两环相辅相成。积累使学生构建设计方法体系，训练帮助学生形成思维框架。

　　本书不仅深入浅出地总结了快题教与学的心得，阐述了快题设计的核心思维模型，同时列举了几十个考研快题真题方案，用一套清晰的思维框架展示快题设计的全过程，并结合专题分类进行总结概括。这些方案绝非套路模板的解题，而是在正确的设计观引导下的设计策略的体现，只有摆脱对于快题"套路"的刻板印象，才能更好地投入其中，真正取得进步和提高。

王国强

2022年8月15日

序 2

建筑快题设计，作为建筑设计能力的基础训练，一直在"套路为王"的方法指引下机械地、毫无生气地影响着一代又一代的学生，或许是应试的光环过于沉重，压着每个人带着手链脚链步履蹒跚地行进着，大家不得不在夹缝中呼吸，尽可能去寻找各种各样的方法抵消这些压力。慢慢的，这些应试技巧仿佛就变成了公认的训练方法，殊不知快速设计的本质还是设计，设计是没有套路可循的。

笔者认为的设计其实可以用一句话去概括：用美的手段去讲故事。快题设计如此，任何设计亦是如此。我们更多的时间是在学习美的手段，同时不断追求着美，但故事才是我们设计的原点和方向，设计这条路因为故事而变得丰满，而美的手段只是这条路上不断变化着的风景。有些人在追逐着美的过程中越陷越深，慢慢忽视了故事起始的原点，忽视了描绘故事的过程。虽然有些时候我们也能够意识到设计并无捷径可走，亦无套路可循，但实际解题的过程中还是离不开一些对方法的坚持与执念，这只会让设计的结果和正确的思路渐行渐远，因为方法指引产生的结果永远不是分析问题总结而成的解题思路，尽管有些时候能侥幸过关。

快题设计的核心思维逻辑，我认为有三个关键词是绕不开的，那就是：关系、空间和主要功能。一张快题分数高低与否均可从这三个方面去进行评判，一道题目是否解题同样可以从这三个方面进行检验。除此之外所有的问题都可以简单对待，因为分清主次很重要，主就是上述三点，次就是其他问题。

快题设计的结果，是不完美的作品。无须死磕追求完美，因为时间有限。快速设计中存在着很多需要权衡的事情，因时间有限不得不牺牲掉一些我们的想法。有舍才有得，不懂牺牲只能换来"偷鸡不成蚀把米"。

快题设计的训练是一个厚积薄发的过程。很多学生寄希望练五张十张就能学会快速设计，但现实往往不是这样，甚至画了二十张都没有感悟。很多人坚持不下去是因为看不到希望，其实希望是不断的坚持之后才能恍然发现的，它的到来永远出乎意料，也永远会给我们成长的惊喜。

快题设计的心得，需要每个人去总结。分清主次、化整为零，对已知的大于臆想的、对症下药、限制需要理性应用，不要给自己降低难度、底线思维等，一路快速设计练习过来，笔者有了很多自己的心得。每个都看似直白，但实际却给笔者的思考带来很大的帮助，也让笔者慢慢找到了重点，找到了做题方向。

在多年快题一线教学的过程中，笔者见到了太多学生饱含热情地学习、倍感痛苦地练习，却迟迟找不到方法，满心纠结失落。其实任何时候的学习都要去寻找到一条慢慢让你觉得正确的螺旋上升的路，而这条路只有孤独的独自寻找，这条路的关键词也唯有动脑坚持，以及切勿投机，只有这样得到的成功，才会顺心顺利、如愿以偿。

在做所有事情的时候都要有对事物本质的认识，我们要去寻找方法，也要不断端正态度，这样才不会一直把快题理解为套路，也才不会觉得快题的训练无聊而流于表面。世界上所有的事情都需要我们去思考权衡，快题也一样，设计也一样。要懂得牺牲，也要认清事物的本质，这样我们努力的方向才是正确的，我们努力的也才有意义，成功和成长自然而然也会变得触手可及，因为形成了正确的价值观。这也是这本书希望大家收获的最重要的事情：快题不是语料库的积累而应该是设计观的养成和设计能力的提升。

本书通过38个方案带大家了解认识快题设计的核心思维逻辑，解析快题解题的重要思考方法，通过老八校真题全真演练，对快题学习建立全新的认识。

　　此外，还要感谢韩阳、敦化愚、谭靖芝在本书出版过程中承担的重要工作，是厘想教研组多年教学精华的最好呈现。

　　台上一分钟，台下十年功。训练过程道阻且长，但回望曾努力的自己，你会发现这样一段对于设计能力提升巨大的训练时光是多么难得，对建筑的长期发展来看也意义重大。学习有法，而无定法，贵在得法。掌握自己的"核心科技"，才能让自己的路越走越远。

程泽西

2022年5月20日

目 录

第 1 章

第 2 章

第 3 章

快题举一反三方案范例

第1章

快题认知思维模型

快题设计的过程就是从宏观策略到具体出发点的过程。在解题的过程中，先后顺序须明确，要先有对故事的理解，把握宏观策略，再有计划地切入，美的手段是结合到具体深化过程中的。很多学生在解题的时候，会有一种只能这样不能那样的绝对分析，这是一个误区。设计应该有不同的认识，每一个合理的方向都可以有一个好的结果，在解题阶段强调方案的绝对性是不合适的。快题的本质还是设计，不能用固化思维而是要用更灵活的眼光去看待快题。

快题设计的核心命题点是限定条件。如果能够充分理解限定条件，那么对于快题的理解也肯定会更深。限定的发现、利用和解决的过程是有顺序的。如果只是盲目地直接解决限定所带来的问题，那么就很难意识到题目的本质，就会用做数学题的思维去解题，方案不出彩甚至解决不好限定问题都是可能的。对于限定的认知，最重要的一点是"迁回包抄"的策略。以解题思路为核心出发点，在策略落实的过程中，不断解决限定条件所带来的种种问题，从而运用到限制融入建筑的整体设计中。通俗一点就是"视而不见，以退为进"。不要先入为主地想着题目现实存在的种种问题该怎么去解决，而是退回去思考出题的本质。

快题设计的三个关键词是"主要关系、主要空间、主要功能"。快题是一个"不完美"的设计过程，是一个需要分清主次、化整为零的设

计过程，所以关注最主要的问题才能事半功倍。在有限的时间内怎么得出最优解，而不是最好解，需要快题思维的智慧。

第一个关键点是寻找主要关系。场地内可能条件非常多，其他明示或暗示的信息也非常多，在这种复杂环境的判断过程中，有时候会失去方向，如何纠正方向，主要关系起到了决定性作用。找出这层关系，就是我们找到解决问题策略的出发点。

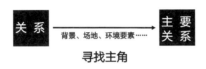

寻找主角

第二个关键点是创造主体空间。主体空间的设计需要整体性的思维去理解方案，而不是片面地追求单一的、局部的空间，方案的完整性就体现在这里。对于快题来讲，在分清主次的原则指引下，空间的思考模型也应以主体空间为核心，兼顾其他要素共同完成对于设计策略的执行。

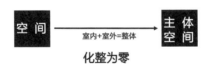

化整为零

第三个关键点在于重视主要功能。解决功能组织最核心的问题，在于通过合理的功能分区，学会取舍，辅助功能集约化处理，通过更有效的方式，给予主要功能更多设计精力。

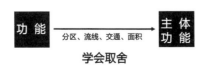

学会取舍

要做到上述这些，读题、解题、审题的过程一定要清晰。在读题阶段学会发现更多的问题，在审题阶段要分清主次。从设计策略切入，而不是从设计手法切入。对于从思路到结果的过程，在训练阶段要好好体会，方案不是一个单向的生成过程，也不可能一蹴而就，而是一个在以策略为核心的前提下，在平立剖造型之间不断反复推敲的过程，能够建立不同维度之间的关联，把多维度的思考变成一种习惯。从思路到结果的过程，是一个需要大量训练、举一反三的过程，只有在这个环节中投入更多努力，方案训练才会更加有效。建议大家在作方案的过程中，一定要反复推敲，体会设计过程。

快题设计思维的锻炼需要树立正确的设计观，而不是把快题当作简单的方法库积累与提高的过程。在快题学习的过程中，为什么找不到方向，是因为学习快题的初心变成了应试训练，而不是提升能力的训练，按这种方式学习是僵化且痛苦的。快题不能用完全应试的方法去思考，但是它本身确是考试，所以需要一定方法。对同学们而言，只要能平衡好两者之间的关系，在做快题这件事上就会有很大突破。

树立正确的设计观，才能把这段路走得长远、走得扎实。提升快题认知需要寻找方法，总结心得。一个核心命题点和二个解题关键点是笔者对于快题认知思维模型的总结，它对于我们从根本上解决快题训练的瓶颈有着至关重要的影响，也是正视问题、明确方向的思维指引。

第2章

快题核心解题逻辑

2.1 限定条件

2.1.1 空间限定

在部分任务书中，除了在总平面中给定用地控制线以外，还会直接或间接地在三维空间中给定建筑体量延伸的边界，引导考生将方案限制在特定的空间范围内。例如以新老加建的名义给定建筑的外围护结构，并要求考生在围护结构内部设计，新设计的部分不得超过维护结构组成的立方体范围；又比如在建筑控制线外设定一个标记物，在建筑限高和到该标记物的距离之间构建起数量关系，从而限定出一个楔形的可建设范围。在此类空间限定的考题中，建筑体块的分布位置、疏密等，本就是重要的判分依据，考生须对类似的限定条件提高警惕。

空间限定有时会带来平面进深过大的弊端，因为快题考查中黑房间是明显的减分项，所以平面中部自然采光通风不利的部分空间利用率就会降低。为了在有限的空间中排下任务书要求的功能，考生不得不考虑在（进深较大的）平面中部排布功能房间，此时在剖面中设计采光庭院就成了必选之路，而采光庭院并非一定是直上直下的矩形剖面，考生完全可以将其设计成一个凹凸有致、景观良好、既有通风采光、还能容纳社交活动的剖面空间。

范例试题

同济大学 2006 年复试快题——新农村住宅设计

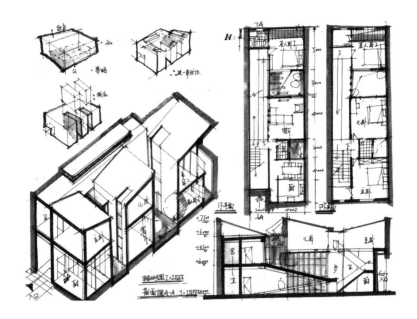

解题策略

  设计者首先将交通和卫生间等服务空间与主要功能剥离，在建筑西侧集中解决各房间的交通需求，为接下来在建筑东侧塑造灵活的剖面空间创造了可能。任务书要求考生为三代同堂的七口之家设计独立农村住宅，并通过有效的空间手段组织三代人的关系和各种生活，这位设计者从剖面切入，依据"开放—私密"的分区原则将客人能够到达的客厅和餐厨都排布在首层，把不对外开放的各卧室布置在二层或者离入口较远处。同时在所有卧室中，老人房相对高度较低，青年人和中年人的卧室则处于较高的位置。不同代际的卧室既满足自身使用要求，又能在剖面中构建起视看关系网，青年人卧室居于视看网的核心，其南侧是中年人的主卧，向北的一层二层都是老年人卧室。青年人卧室既能看到其余所有卧室中家人们的举动，同时又作为缓冲空间横亘在中年人与老年人之间，更是用空间暗喻了三代人的家庭关系特征。除了房间布局外，设计者用大面积的剖面展示了该方案中不同寻常的交通——室内坡道。坡道既是无障碍设计的一部分，同时也是人物动线的具象化表现，剖面中坡道和房间一动一静，一散一整，相互穿插，最终形成连贯灵活的剖面空间。

2.1.2 环境限定

近年来各高校快题任务书都开始关注考生在面对复杂外部条件时的设计能力，以及背后的设计价值观。其中对建筑形体和剖面空间影响较大的几类常见考点有视线通廊退让、城市界面守齐、空间轴线延续等。

如果任务书给出的设计环境中，用地控制线外两点，或是场地内外两点需要在视觉上建立联系，往往会在建筑形体上留下"洞穿"的痕迹，使得建筑不会阻断两点之间的视线通廊。洞穿的动作在剖面中也会留下痕迹，并在建筑中创造了一处可以同时看到两侧景点的观景位置，考生若能围绕该位置在剖面中对其强化塑造，使之成为该处剖截面的核心空间，引导使用者在此处逗留，便是做到了化任务书中的"难点"为方案"特点"。

范例试题

哈尔滨工业大学 2016 年初试——北方某校史纪念展览馆设计

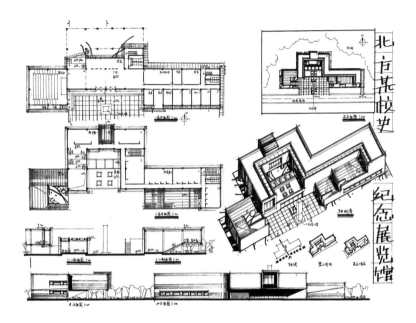

解题策略

  基地三面被松林环绕，南侧紧邻校园主路。红线内有一处已建成高约
10m 的纪念碑，要求围绕纪念碑布置 150m² 的广场并充分利用场地周边景
观。对于使用者而言，红线内的纪念碑和红线外的松林都是值得观看的景
色，于是设计者在对北侧体块进行了架空处理，使得首层的门厅和茶室空
间（如上图中 1-1' 剖面）能同时看到北侧的松林和南侧的纪念碑，提升
该空间的景观品质。首层靠近纪念碑的门厅空间有意控制其高度，保证二
层北侧的展览空间也能跨越门厅体块看到纪念碑，再算上报告厅屋顶的露
台，整个建筑就有三处空间能同时享有两种景观，总体而言对景观考点的
应对比较充分。

2.1.3 场地限定

上文关注的是建筑控制线外部的限制条件对剖面的影响，实际上场地内部的保留物同样也可以是剖面设计的切入点。随着存量更新的市场日益增加，考生也不像上一个十年面对的是一块空白的用地，越来越多的保留物体开始出现在各高校的任务书要求中。对于剖面空间塑造而言，这些地物是呈点状、条状还是面状倒是其次，更重要的影响体现在该保留物体是呈水平分布还是竖向分布。

对于水平状的保留物体而言，考生首先需要明确其每一部分的净空高度要求，在保证其最基本的使用或视看需要以后，才考虑将其具体地塑造为室内空间、灰空间或者室外空间。而且水平状的保留物体往往涉及范围较广，单一的选择会使得最后的空间比较无趣，考生可以考虑让水平保留物上方的室内空间、灰空间和室外空间有组织地间隔出现。

垂直向保留物的处理思路也与此类似，新建体量在剖面中能够回

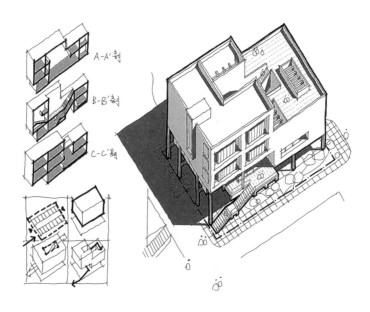

应它的依旧是室内空间、灰空间或室外空间。垂直向保留物的高度往往超过一层，考生不妨考虑在不同楼层以不同的手法回应保留物并在该层面进行变化，而不是满足于做一个直上直下的通高空间应付考点。

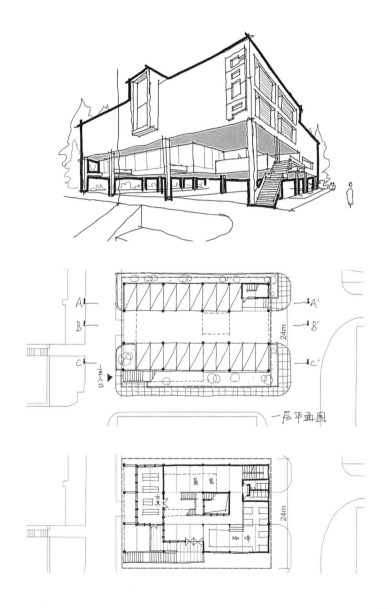

一层平面图

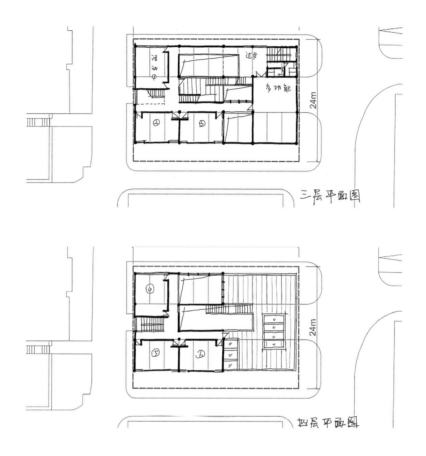

三层平面图

四层平面图

解题策略

以南方某大学校园内露天停车场为基地，在停车场上方加建一2200m²的学生活动中心，要求新建建筑减少对停车场现有出入口及车位布局的影响，不得占用过多停车位（少于4个）。新建建筑介入前，该露天停车场采光通风良好，还有不错的景观条件。设计者认为新建建筑覆盖底层停车场，将对后者造成负面影响：遮蔽阳光、阻碍通风、夺走景观，于是在建筑形体内部结合主要交通开辟了一处户外庭院。庭院空间贯穿建筑体量，为停车场重新引入光线的同时，还沟通了四层屋顶花园、三层露台和底层停车场之间的视线联系，为庭院空间带来活力。除了中部庭院，设计者在二层平面西侧（即主要人流来向）采取退让处理，移动文具店墙体在建筑西立面塑造层次，减少新建体量对校园行人的压迫感。以上两处的剖面处理使得建筑形体面向底层保留停车场的界面超越一成不变的直线，呈现出凹凸有致的结果。

范例试题

同济大学 2007 年初试快题——夯土遗迹展览馆设计

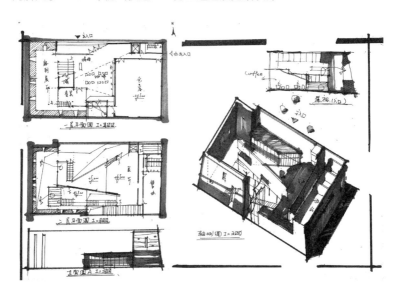

解题策略

以一处夯土建筑遗迹为基地，周边为均质的平原旷野环境，对新建建筑无影响。任务书要求对夯土遗迹改造，在其内部修建一座乡土历史资料陈列馆。夯土遗迹允许局部拆毁但不得超过总长度的25%，其余部分不得作为新建筑的承重构件，但可以作为建筑的围护墙体。新老结构须相距1m以上以维持结构稳定，新建建筑楼板可以以悬挑的形式贴临夯土墙。设计者将管理办公、库房等辅助设施上下叠加并集中布置在夯土墙远端，避免服务空间遮挡夯土墙遗迹。随后在夯土墙与服务空间之间置入一三角形异形体块，作为展厅空间的跃层，尖角处局部扩大形成观展平台供人停留，同时在跃层平台内部营造微高差，近夯土墙处降低，远夯土墙处抬高，避免游客之间相互遮挡。如此一来游客便可以从多个角度视看甚至接触夯土墙遗迹：首层的陈列展廊、通向二层的大台阶、跃层顶端的扩大平台、跃层东侧的抬高部分等，将夯土墙视作展品自身最大化发挥其价值。

2.2 特殊考点

2.2.1 可持续设计

快题中的可持续设计考查反映了当下建筑设计的一个重要发展方向，实践中这会牵涉到建筑的各个方面，同时需要跨工种协作来实现。而考生能够把握的，更多还是被动式节能设计，也就是在建筑规划设计中通过对建筑朝向的合理布置、遮阳的设置、有利于自然通风的建筑开口设计等实现建筑能耗降低。以同济大学为例，自2014年生态塑形一题中明确要求考生注意自然通风设计、雨水处理和遮阳设计，并结合剖面图分析生态塑形手法，往后的考试中即使任务书没提可持续设计，考生也可以主动展开这方面的思考并在剖面图和分析图中加以强调。

进行生态设计首先要处理的就是自然通风和直射阳光，对待前者需要考生引导气流穿过建筑形体，不管是在平面还是剖面中，都尽量增加建筑形体和外界空气的接触面，并且注意在剖面中保留一条贯通建筑的室外连续空间，它可能由庭院、屋顶露台、底层灰空间共同组成；处理直射阳光时，可以水平向滑动形体，利用上一层体量的悬挑架空为下一层空间遮蔽阳光，从而避免建筑吸收太多不必要的太阳辐射。

范例试题

同济大学 2014 年初试快题——生态塑形：当代艺术馆设计

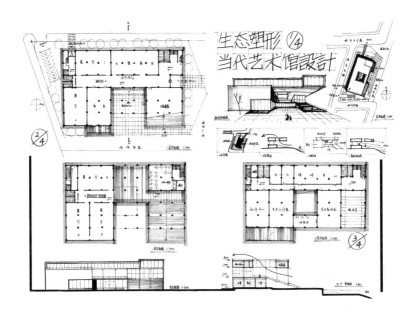

解题策略

　　基地气候炎热潮湿，要求考生在设计中注意建筑的自然通风设计，注意雨水处理以及遮阳设计。基地北侧为城市主干道，东临大海，为场地提供景观和海风。设计者希望利用海风带走建筑多余的热量，因此有意提高建筑体形系数，增加建筑与室外气流的接触面积，同时调整平面布局塑造连贯向上的剖面连续空间，引导海面来风在低处吹进基地范围，拾级而上，经过每一层空间，最后经由顶部庭院开口和二层灰空间平台离开，带走热量节约能源，形成有效的被动式节能。值得注意的是，设计者不曾在每一跨都应用这一剖面，而是选择中间两跨集中塑造，建筑在南北端部还是能上下连通，保证建筑正常使用。

2.2.2 新老关系

同样在存量更新的大框架下，题设可以比简单的保留物更进一步，要求考生处理新建建筑与既有建筑的关系。既有建筑往往不止一层，甚至每层都规定了不同功能，于是，空洞地探讨新老建筑关系还是稍显抽象，考生需要把对于新老关系的思考具体落实到每一层中，并有意识地在不同楼层之间塑造出新老关系的细微变化，最终在一张剖面中统一表达形成整体。

新老关系类考题中对剖面结果影响较大的因素是新老建筑间的关系亲疏。由远到近的关系依次是：新建建筑仅把老建筑视作景观；新老建筑间有通廊连接可以走通；新老建筑使用和疏散上也相互贯通并共同构成一栋完整的单体建筑。每种亲疏关系都对应一种剖面图的姿态：新老关系越疏远，剖面中新老建筑在空间上就越互相远离、两者间的空间联系越是单调、朝向对方的界面也越是呆板；新老关系越亲密，剖面中新老建筑在空间上就越趋于一体、两者的联系就越是方式多样动线复杂、朝向对方的界面也越生动活泼甚至在某些区域共享界面。

范例试题

同济大学 2007 年复试——教学楼加建设计

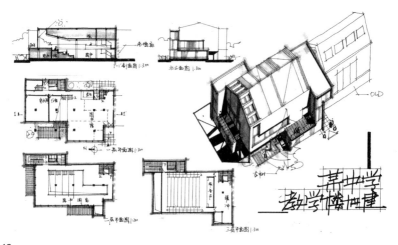

解题策略

基地位于南方某中学校园内，要求与共线南侧的D幢保留建筑连接形成整体，西北方向不远处还有A幢建筑是上海市历史保护建筑。任务书提供了D幢建筑的各层平面图、立面图，新建建筑高度不得超过老建筑屋脊。建筑用地位于校园中心绿地东侧，观察分析绿地周围其他三栋建筑的开口不难发现，新建建筑的主入口应向西面朝中心绿地，并布置在新建体量与保留建筑之间的位置。设计者在轴测图中强化表达了这一判断，将新老建筑之间的空间塑造为一条单纯的交通体量，从根本上避免具体的功能房间过度遮挡保留建筑的北立面。布置完主辅交通后，设计者采用竖向分区的策略，把对结构要求较高的报告厅布置在三层，底下两层安排图书馆及其配套功能，能适应各种形式的空间。为了通过剖面强调保留建筑的重要性，设计者塑造了部分台阶阅览空间朝向保留建筑，用大台阶的斜线秩序呼应报告厅起坡的同时，用电子阅览室和储藏间消化了大台阶下方的消极空间。剖面空间中的种种设计都是服务于塑造和保留建筑的关系，使用者在门厅和缓冲厅能零距离触摸老立面，感知细节，也能在阶梯阅览区从不同高度看向保留建筑，形成整体的印象。

2.2.3 开放命题

开放命题类任务书从简单的功能面积类型自定到复杂的建筑主题自定，给考生不同的自由度但更考验考生的积累。在后者主题自定的开放命题类快题中，一种常见的破局方式是从人际关系介入，设定两类及以上有明显差异的服务人群，并将人群间的关系以空间语言具象化，而且这种具象化的空间常常通过剖面表达。因为在平面中可见性和可达性几乎等同，但在剖面中两者却可以割裂，进而至少会存在"可见可达、可见不可达、可达不可见、不可见不可达"四种不同属性的剖面关系，于是也更适合将人与人之间复杂的关系进行图像化表达。

如果是简单的功能面积自定的任务书，可以借鉴前文不同建筑类型的剖面切入点中提到的，有意识地选取对净空高度要求不一的功能相互组合，并借此塑造不那么单调的剖面空间。

2.3 场地条件

2.3.1 城市人流

考生在动手设计具体方案之前，首先要厘清各种交通动线、分清主次人流，根据它们确定建筑的主次入口位置后再展开其余部分的设计。而在日趋复杂的设计环境中，考生不仅要辨清每股人流的主次、来向、人群，还要增加一个维度的判断，即明确某一股人流是需要进入建筑内部还是仅仅从场地中穿过。两种人流对应不同的方案姿态，对待前者，建筑出入口最好被安排在流线的终点；对待后者，即穿过性的人流，建筑应当避免在流线经过之处安排过多的功能，并最终形成一条类似于"视线通廊"的通道。不同的是，为避让穿过性人流而塑造的通廊可以不是直线，同时往往出现在底层空间。

既然退让出一条通廊是题中应有之义，考生不妨再围绕着这条穿过性的通廊塑造建筑的亮点空间，提升其空间品质和使用体验。例如在剖面中营造通廊的高度变化，或者在通廊中的某些节点处营造建筑室内空间与通廊室外空间的视看关系，增加互动性。

范例试题

华南理工大学 2016 年初试——南方某高校小型社区活动中心设计

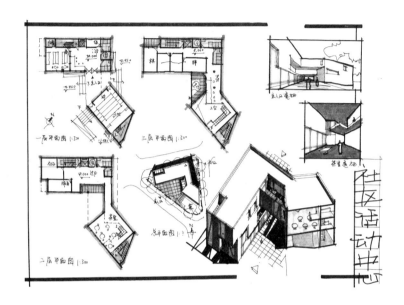

解题策略

　　该三角形基地位于南方某高校校园内，三面临路，北高南低相差
1.3m。基地西南方向与小区游园和低层独立住宅隔路相望，是周围景观最
佳处，另外基地北侧为多层民房，东侧是9层高框架结构教工住宅。基地
周边人流条件比较复杂，为了保证最远端的居民也能快捷到达西南方向游
园，设计者打通底层体量，联系西南和东北方向，将一层切割成两个独立
的体块，其中一个置入门厅和商业，另一个作为报告厅并利用起坡消化基
地内部高差。在底层通廊之上置入茶室功能，利用其空间灵活的特点制造
夹层，结合三层庭院为底层通廊塑造积极的上盖，最终形成阶梯状内收的
灰空间，相较单层灰空间的逼仄和两层通高灰空间的呆板，该方案通廊处
的剖面效果在此两者之间取得了平衡。

2.3.2 狭长地形

狭长地形一般特指东西向采光面长、南北向采光面短的用地红线形状，而且单独出现时难以构成考点，只有配合对南北向采光要求较高的建筑类型一块出现时才会增添考试难度。为了在狭长地形中创造更多优质采光面，建筑形体往往采用"E"字形布局甚至是鱼骨状布局，横生的建筑体量间是室外庭院，为上下层所有功能房间带来阳光。庭院间隔布置会在剖面图中形成"实—虚—实—虚—实"的序列空间，考生基于内部功能的实际需要，将序列中个别实体体块扩大或变形，打破庭院空间直上直下的形态，就能塑造出富有变化的剖面空间。

范例试题

同济大学 2016 年复试快题——科创中心设计

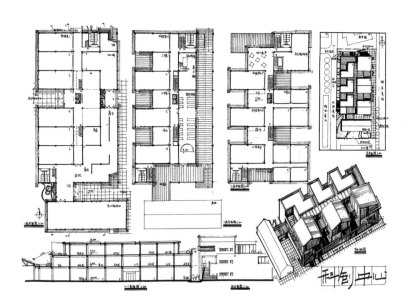

解题策略

———

基地位于南方某大学校园与城市道路的交界处，拟新建一科创中心，促进高校科研成果转化，服务国家社会紧跟经济发展需求。同时要求以此新建建筑为契机，打开校城边界，与周边城市步行环境有机结合，构建具有城市活力的城市公共空间。总建筑面积约6000m²，大部分由实验室、科技研发中心、科学家工作室、可言杂志编辑部组成，在南北走向的狭长地形中，设计者计划为大部分科研人员使用的功能提供南北向的优质光照，于是在第二、三层平面采用"王"字形平面布局及其变形，间隔创造了更多采光面。普通的"王"字形平面会产生虚实间隔的剖面空间，虚指的是室外庭院，实则指室内空间。此处设计者再结合城市步行环境设计的考点，串联间隔形成的户外空间形成完整的步行体系，用直跑楼梯沟通不同高度的露台，使得游客能直接借由城市步道进入各层功能分区。此时三层虚实间隔的体量也参与到城市步道体系的塑造中，为近地空间带来明暗间隔的体验。

2.3.3 高差地貌

高差地貌作为建设用地的特征之一，是一类能独立出现的考点，无论什么建筑类型、限定条件、特殊主题，任务书都可以在原有的考试难度上更进一层，增加建筑用地的复杂度。按照高差类型，地貌类考点可以分为坡地、台地；按照高差程度，可以分为微高差、一层高差、多层高差。尽管都统一称作高差地貌类考点，考生在应对不同类型、不同程度的高差时却需要根据实际情况选择不同的剖面应对策略。

首先谈高差类型。平整的建筑室内空间总归更便于使用，所以在坡地上新建建筑难免要挖开或填补局部土方，平整地基。除非任务书明确禁止任何形式的下挖，考生不必担心局部地区的土方调整，某处挖去的土方，只需要在红线内另一处回填即可，也不要求严格计算，体现态度即可。台地类地貌相对更简单，可以理解为几块标高不同的平地组合，建筑主体会更多地集中在平地部分，平地间的衔接处上方建筑体量一般较少，或者是经过特别的剖面设计，反映考生对该地貌变化处的空间思考。

再看到高差程度。微差类地貌最高点和最低点之间往往只差1m~2m，但也绝对不能忽视。常见的剖面应对策略是安排对地坪平整度要求不高的空间型功能在建筑的一层，例如咖啡馆、展厅或报告厅，它们的剖面下底面都可以或必须不是一根水平线，也就可以内化地貌高差；一般而言4m的地貌高差才能称作一层高差，4m作为层高对于大多数普通房间来说都绰绰有余，所以可以直接用一层的体量填补高差，形成一块新的"平整"的建设用地；超过一层的高差地貌在快题任务书中比较少见，考生需要注意组织交通动线，同时避免过大的高差给建筑带来采光和疏散的不便。

考生不论面对的是何种高差，选择什么应对策略，有些原则是不变的。其中最重要的是考生需要转变思想，将高差地貌视作场地本身的特点去彰显，而不是将其视作考试中的难点敷衍了事。一块有特点的用地远比一块没有特征的空白用地难得，无论用地的特点是不规则地形、高差地貌还是场地保留物，都是建筑师介入前独属于这块场地的特征，而一种比较谦虚的设计态度是减少建筑物对原有特征的破坏。换而言之，建筑形体最好能再现或者延续此地的特征（并非百分百复刻）。以高差地貌类的场地为例，考生在设计时应注意用地内的土方平衡，并用建筑形体的高低走势暗示建筑覆盖处原本的地貌特点，若能以此为依据指导方案生成，考生就不必担心自己没有回应地貌这一考点。

范例试题

同济大学 2019 年复试快题——校园文化中心设计

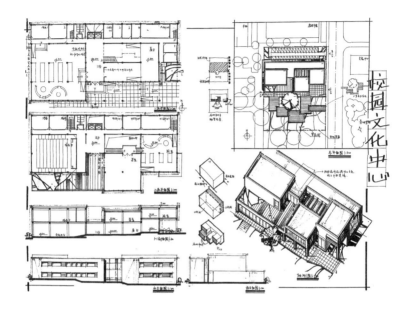

解题策略

　　基地位于江南某校园东西主轴线上，基地内部是缓坡，呈东高西低的走势，最大高差约2m，高度变化较为均匀。设计者没有直接调整土方抹平基地高差，而是在东西方向上将用地划分为三块台地，简单平整每块台地，从低到高依次置入开放办公、门厅和展厅功能，此三者能适应不同空间，灵活调整各自的层高后，在二层底板部分抹平了局部高差。排布二层平面时，设计者在东南侧茶室功能和阅览功能之间再次制造了微高差，使得后者的体块相较二层其他功能高出一截，目的是在轴测图中通过建筑造型继续暗示基地原本存在的微高差考点，并将基地地貌特征延续到室内空间中。

2.3.4 景观考点

景观是任务书中最为常见的考点之一，本身带有多重属性，但在剖面入手的解题策略这一章节中，我们需要关注题中出现的景观相对建筑用地的标高处在什么位置，使用者在建筑的各个位置、室内室外，需要平视、仰视还是俯视才能看到景观。

在三种视线关系中，平视是最普遍的，也就意味着景观和用地红线处于同一水平面，使用者只要处在建筑景观面就能无阻碍地看到近处或远处的景观。即使景观能被轻松视看，考生也应该主动在剖面中寻求变化，为使用者提供不同高度、距离、角度的室内外空间，多层次地回应景观考点。

俯视和仰视的景观位置都比平时的更有特点，也可以更好地引导考生在其对应朝向发力，比如景观位置高于用地红线时，应多考虑在建筑上层空间或屋顶露台处设置停留节点观景，景观低于用地红线时思路类似。

范例试题

清华大学 2012 年初试——艺术中心设计

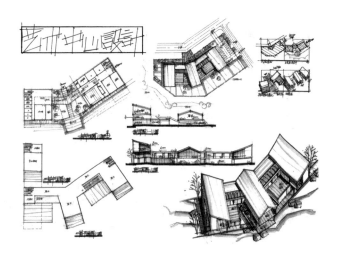

解题策略

　　基地位于某风景名胜区艺术村，人文和自然景观良好，是画家写生的聚集地。基地呈不规则形，西南两面位于茂盛林地，高于基地20m。任务书限定新建建筑不超过3层，高度不超过10m，不足以抹平基地与林地间的高差。基于如上的判断，设计者除了在各层室外布置面朝林地的露台外，还通过室外交通将几处露台连接起来，自东向西塑造了一条向上爬升的户外游览路径，并让连续的室外空间走势向上。这样一来尽管使用者在露台处依旧无法平视西南林地的景色，但总体而言，观景空间本身有强烈的引导人们向上的秩序，可以视作对高处景观的回应。户外游览路径上或再分布一些建筑体量，界定出一些灰空间并营造了露台处的高低变化。

范例试题

哈尔滨工业大学 2012 年初试快题——艺术家创作中心设计

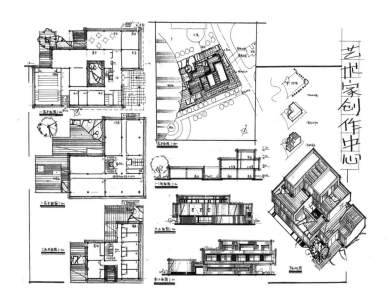

解题策略

拟在北方某城市市郊新建一艺术家创作中心，是为当地艺术家提供潜心创作与艺术展示和交流的场所。基地北侧毗邻景区人工湖，基地内西北角有一保留树木，考生需要妥善处理建筑与环境的关系，充分利用基地自然条件。设计者优先回应基地西侧的湖景，在功能排布阶段就注意控制每层的面积，越向上使用面积越少，从而形成层层退台的体块效果。从剖面来看，景观远端露台最高，景观近端最低，其间再以中等高度的露台衔接，塑造由远及近，自高向低跌落的连续露台，确保游客无论身处哪一层都有景观良好的室外公共空间，同时能引导游客视线向下，投向远处的湖面景观。

第 3 章

快题举一反三方案范例

3.1 居住类建筑

- 东南大学2017年初试试题——滨水客栈设计

- 同济大学2008年复试试题——SOHO艺术家工作室设计

- 清华大学2020年初试试题——乡村驿站设计

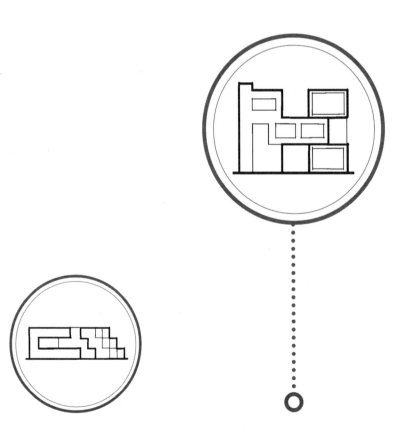

3.1.1 服务人群与功能定位

　　狭义的居住类建筑指供家庭居住使用的建筑，是人们为了满足家庭生活需要所创造的家居生活空间。不同于一般的公共建筑考虑抽象的使用者属性，住宅的服务对象更为具体、固定，同时数量也更少，从三人的核心家庭到十人左右的联合家庭不等。设计者需要根据户主家庭结构、生活方式、生活习惯及地域特点等不同因素灵活地组织空间，甚至通过功能组合的创新推动居住模式的改变。

　　广义的居住类建筑除了各种规格的私宅以外，还包括宿舍、旅店、老年公寓等成员集体居住、集中管理的居住建筑。其服务对象尽管数量众多，但总能找出一定的相似之处作为这类人群的特征，指导其最小居住单元的设计。而要求考生突破常规，思考居住单元以外的公共空间和交通空间应当如何组织，才能让使用者不感觉自己处于一个单元的单调重复中。

　　无论是狭义还是广义的居住类建筑，无论起居室、厨房、卫生间是否与他人共用，休憩行为本身是私密的，不宜向所有人无条件打开，需

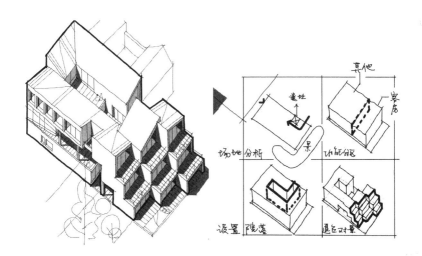

要适当增加达到的难度，换句话说就是把居住单元布置在建筑较"深"的位置。居住类建筑要么仅对外开放必要的部分，要么整体都确保使用上的私密性。

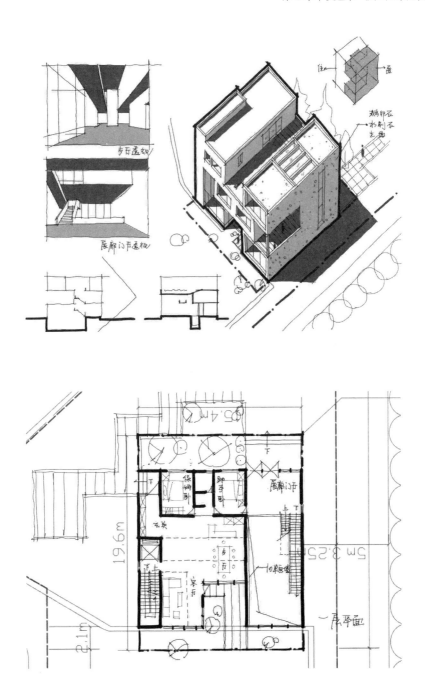

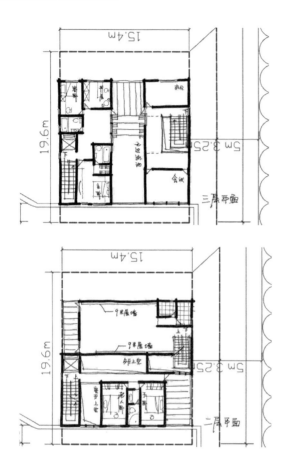

3.1.2 常见房间与考点难点

3.1.2.1 常见房间要求

私宅建筑中基本的功能房间包括起居室、卧室、餐厅、厨房、卫生间等，随着规格提升任务书可能还会有玄关、书房、工作室、儿童房等，并要求将卧室进一步分为主卧、次卧、客卧、老人卧、子女卧、保姆卧等。以上这些功能房间的私密程度通过其到达的难易程度体现，除此以外个别功能房间还有特殊要求，例如长期居住的卧室需要保证南

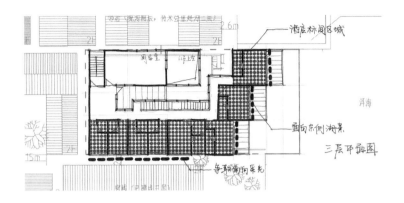

向采光，而书房优先考虑北向光，老年人的活动范围尽量集约安排在一层，这些零碎的知识点各位考生需要在平时的练习中注重积累。

　　对外营业的居住类建筑功能房间类型更为单一，但是数量会明显增加，量变产生质变，大量居住单元反复出现，打包形成的居住分区需要设计者在方案早期阶段就多加关注，确保其日照条件或景观条件（由于此类空间不是为长期居住准备，所以在面临景观方位和南向采光冲突时优先保证朝向优质景观）。除了重复的居住单元外，此类居住建筑常见的功能还包括餐厅、咖啡馆、吧台、阅览室、休息区、活动室等公共空间，以及布草间、储藏室、办公室、员工宿舍等辅助功能。对于公共空间，需要注意它们和居住功能的动静分区，宜结合景观和人流来向设置在建筑低层容易到达的位置；对于辅助功能，则要避免让其占据优质景观面或者离主要人流来向太近，且要藏在外人难以达到的区域。

3.1.2.2 房间尺寸与柱网协调

　　不同于公共建筑先确定大致柱网再布置各功能房间的设计策略，居住类建筑由于尺度较小，各功能房间的长宽高参数受到人体行为尺度的影响更大，往往是在确定了每个房间的尺寸和位置之后再适配对应的结构。

　　一般公共建筑的房间都会根据经济柱跨的面积来设置，常见的有以50m²（7m柱跨）和60m²（8m柱跨）为模数，房间面积是其整倍数或是可以整除，这是因为公共建筑面积较大，功能房间的种类和数量都很多，如果调整柱网只为了适应个别房间往往得不偿失。但是居住类建筑尤其是小型住宅的房间种类和数量都比较少，所以会出现结构适应房间的情况。也是因为这个原因，住宅中的各个房间不必跟着柱网模数走，反而更取决于该房间中的行为和家具布置情况。这就要求设计者熟悉住宅建筑中常见功能的平面尺度，避免做得太大而浪费空间，或是太小连家具都摆不下。

3.1.2.3 房间型与空间型

根据功能房间对平面形状与围合程度要求的不同，居住类建筑中的功能可以进一步分为房间型和空间型两大类。其中卧室、书房、厨房、卫生间、酒店标间等可以归为房间型功能，而客厅、餐厅、玄关、开放式厨房、休息区、门厅等可以归为空间型功能。

区别是前者对空间的完整度要求较高，最好是一个平面为矩形且四面都有明确围合的房间，而后者在这方面的要求较低，只需要提供位置适宜、面积合适的空间，有时甚至可降低围合度以提高其公共性。

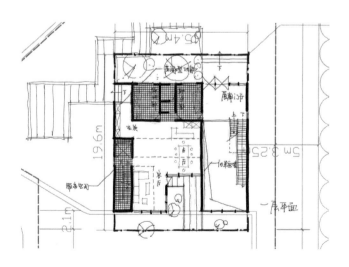

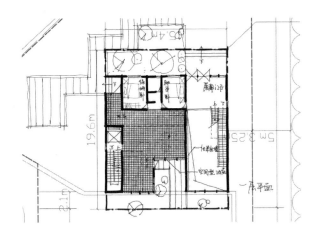

3.1.2.4 房间私密性

除公共建筑中不对外开放的办公分区以外，居住空间是快题考察中唯一明确要求保证私密性功能的，于是主辅分区在该建筑类型中也显得格外重要。私密性可以理解成从建筑主入口实现该功能的便捷程度，受到交通方式和步行距离的影响，竖向交通比水平交通困难，视线不可达比视线可达困难。以住宅中的主卧为例，如果只有一层，主卧就布置在主入口的远端，如果有若干层，主卧宜布置在最高的楼层。

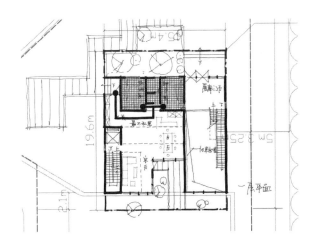

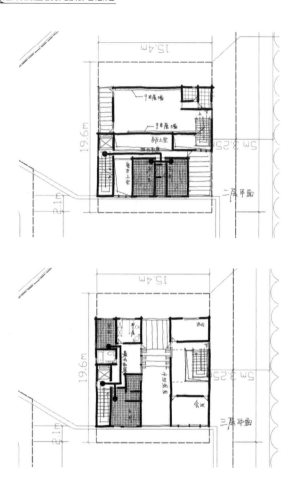

3.1.2.5 家具布置

由于居住类建筑中的住宅体量比较小，任务书常常要求考生绘制大比例的技术图纸，常见的有比例为1:100或1:150的平面图，此时考生需要在平面图各主要功能房间中绘制出相应的家具，这就要求考生不仅要掌握房间的平面尺寸，还要熟悉各类常见家具的平面尺寸，这些都需要课下的积累。布置平面家具不仅要满足行为活动，还要在家具之间留出供人穿行的"通道"。

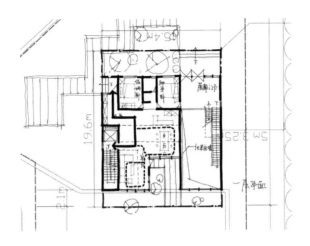

3.1.3 考察趋势与深化策略

　　快速设计中的住宅类建筑与商品房的套型设计不同，后者追求经济利益最大化，仅解决一户人家有没有地方居住的问题，无法满足不同户主多元化的需要，这是因为在市场中商品房一般先于具体户主产生。而快速设计中的居住类建筑无论对建设场地还是对使用者来说都是独一无二的，这就要求设计者在方案中灵活体现上述的特质，尤其是自内而外的设计要求。例如在方案剖面中体现住宅使用者之间复杂的代际关系、在混合功能建筑中主动塑造居住部分与非居住部分之间的界面、在旅店建筑中利用公共空间连接本不相识的居住者。不同深化策略深层次的原则都是先设想一种更符合当下人际关系的生活方式，再基于这种生活方式来设计一个与之适配的方案。

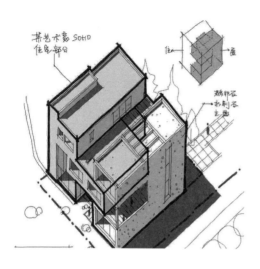

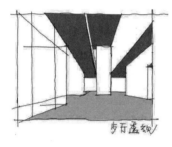

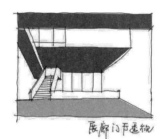

3.1.4 举一反三方案图纸

3.1.4.1 东南大学2017年初试试题——滨水客栈设计

任务书

一、周边环境

　　拟建项目位于江南某滨海新农村。基地位于滨海村落群，濒临大海，南侧已建成二层客栈，北侧邻居为传统二层二进院落，基地周边道路以及码头位置详见总图，基地内部老建筑由于拆迁仅遗留下部分废墟（详见总平面图）。用地北侧是农村内部道路，向东直通小码头。

二、主要内容

以提供客房、餐饮、休闲、交流为主。充分考虑客栈的重要功能与海面的关系；同时兼顾客栈后勤出入、储藏与晾晒等辅助功能，建筑风格尽量尊重当地环境，卫生间、厨房、库房、设备间等配套服务空间合理配置。用地面积为648m²，拟建总建筑面积约1200m²，（灰空间以屋顶平面投影的一半来计算建筑面积）。整体建筑高度控制在10m以下。其中：

1. 客房（大床 2m×2m）10 间，面积 40m²，要求每个房间有 1 个面海的 10m²~15m² 的小阳台。

2. 小客房（标间）3~4 间，面积 25m²，不看海。

3. 书房 40m²，可以不看海。

4. 接待区可与酒吧吧台结合。

5. 厨房（半开敞）与餐厅结合，满足 8~10 人就餐，有电视。

6. 休闲区、室外、半室外、室内，多区城，多层次。与观海结合，与酒吧吧台有很好的结合。

7. 储藏用房结合边角尽量多地布置，可小面积多房间。

8. 员工住房，4~6 人，洗漱可与一楼公共卫生间结合。

三、注意

1. 复合空间产生的景观潜力。

2. 日照朝向与景观朝向的矛盾并作出选择（在这一点上没有标准答案，学生须自己通过设计去辨析自己的选择和立场）。

3. 建筑与水体之间可能存在的不同位置关系（水平向和垂直向皆有），以及由此激发出的不同状态的行为活动。

4. 作为容器的建筑（由内向外看的景观塑造）与作为物体的建筑（由外向内看对建筑的形体和用材的要求）。

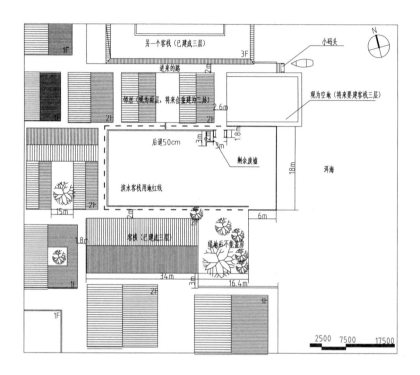

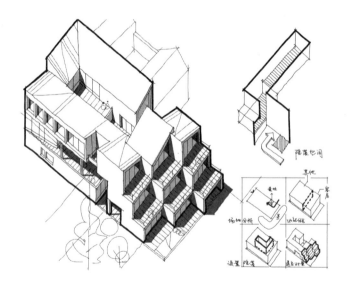

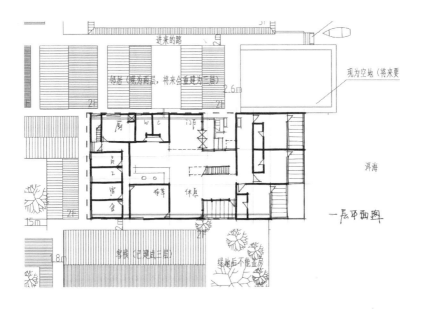

一层平面图

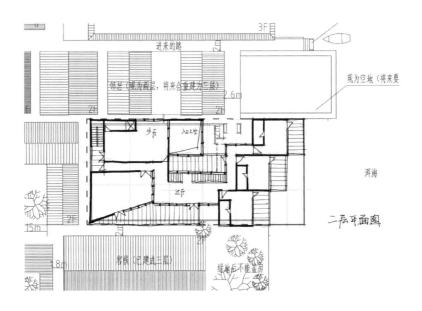

二层平面图

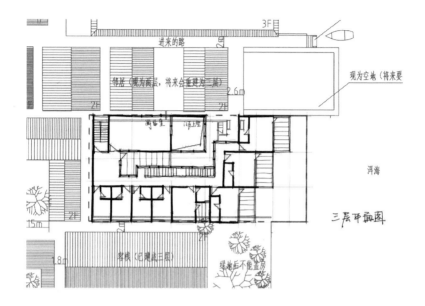

三层平面图

策略分析

■ 建筑整体形态反映了建筑的设计核心：建筑形态从西侧到东侧逐渐变得丰富（退台式手法），强调出东南侧界面的重要性，东侧界面的单元性重复暗示了其内部的功能，建筑还塑造了一个非常丰富的内部庭院，呼应了周边的建筑环境；

■ 建筑主入口围绕场地中遗留的构建塑造出进入建筑的缓冲空间，同时结合内部庭院（退台）形成连续的空间，同时也统一了建筑界面塑造时候所采用的手法；

■ 建筑垂直方向上的虚实关系，也暗示了内部空间的分布，南侧界面三层为单元式的重复，可以判定内部为居住单元，二层为大平台空间，可以判定为较为开放的空间（酒吧或餐厅）；

■ 建筑南侧也有一个灰空间应对乡村中人流来向多元的特点，同时这一入口不仅可以与二层的开放空间建立良好的关系，还能与场地外的绿地空间建立良好关系。

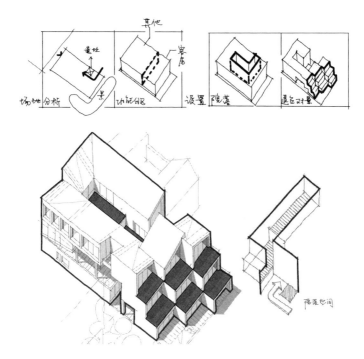

平面布局

■ 三个入口：北侧主入口与场地遗留构建结合，同时预留较大的空间暗示入口的层级，南侧次入口，结合南侧绿地形成空间的渗透（绿地空间—灰空间—室内休息空间），西侧入口尺度暗示此处为后勤入口；

■ 利用门厅与休息区（直跑楼梯）将空间水平切分，利用空间分割空间，同时要注意，西侧服务空间非常节约，空间规整，而东侧的被服务空间则在追求界面上的变化；

■ 厨房与餐厅分层放置的时候，利用"餐梯"进行连接；主要空间的深化，可以根据形式需求进行调整；退台式手法利用下层房间的屋顶，塑造为上层房间的阳台；

■ 连续的内院空间与室内的通高形成内外空间上的渗透；

■ 退台式的东侧界面与退台式的室内庭院形成手法上的统一。

一层平面图

二层平面图

三层平面图

3.1.4.2 同济大学2008年复试试题——SOHO艺术家工作室设计

任务书

一、项目概况

　　南方某创意产业园区的中央景观带有一片荷塘,荷塘西侧已建三层办公建筑,北侧为二层展览建筑,今拟在荷塘北侧空地上建一座SOHO艺术家工作室(办公、居住一体化建筑)。

二、设计要求

地上建筑面积550m²，女儿墙顶限高12m（若选择坡屋顶，檐口限高11.4m），可考虑整体或局部地下一层以及空间的整体利用（地下部分不计入总建筑面积）。要求设1部电梯，1个室外游泳池（设于基地建筑控制线以内，标高不限）。泳池长10m，宽4m，深1.2m。

1. 从环境到建筑

该建筑面临大片荷塘，请充分考虑如何建立建筑与景观之间的紧密联系。

建筑出挑与荷塘的长度应小于2.1m，出挑部分以下不计建筑面积，但其上建筑面积须按实际计算。有顶不封闭阳台面积按一半计算，封闭阳台按全面积算。场地主出入口宜设于东北侧道路或西北侧道路；建筑各边应严格满足退界要求，用地范围及地上建筑控制线如图所示。建筑距变电站不得小于12m。

2. 从构造到建筑

材料：基地区域附近有大量粒径150~300mm大鹅卵石。

构造设计要求：该建筑承重结构可自行确定（混凝土、钢结构等），但外围护结构中必须利用鹅卵石材料，利用方式不限。

功能要求

1）办公部分：可考虑利用地下空间，地下部分不计入地上总建筑面积

画室：不小于120m²，要求作画空间放置净高7m，长边10m的画框；

会议：不小于30m²；

展示：不小于100m²，要求层不小于3.6m，考虑设置两面长9m的连续展墙；

单间办公室：每间不小于15m²；

卫生间及其他房间面积自定。

2）居住部分（主要居住空间层高不小于3m）

居住人员构成：40岁左右画家夫妇二人，12岁儿子一人，65岁左右

祖父母二人，25岁艺术助理一人，38岁保姆一人；

除上述5类居室空间外须考虑客房一套，其他公共居住空间及厨房、卫浴等按需自定；

室外活屋顶露台：面积总计不小于100m²。

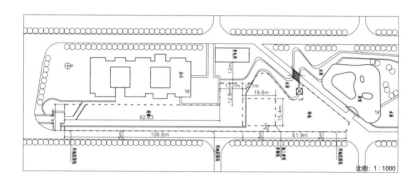

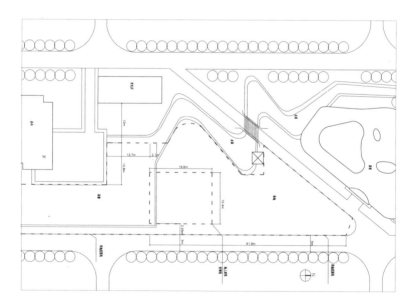

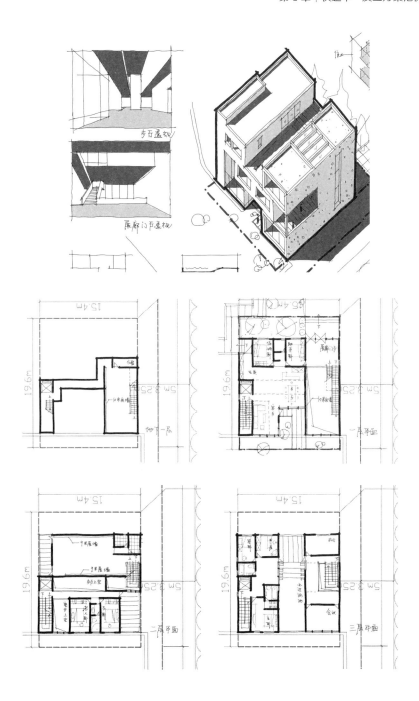

造型分析

- 综合分析人流来向和主要景观的位置，采用造型咬合的方式在形体上暗示功能分区；
- 体块操作以减法为主，增加更多室外空间呼应周边景观环境。

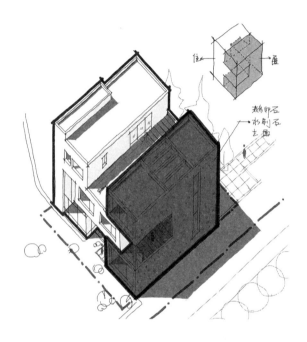

平面布局

- 居住部分偏私密，朝向东面道路开主要出入口。办公部分偏公共，在北面的公园处开主要出入口；
- 考虑到人流来向，对居住、观展人流，分别做单独的出入口；
- 由于画室部分需要考虑采光，北面设置画室；
- 南面和西面景观朝向好，且无其他外部人流交叉，可以做得相对私密，因此用作平台和泳池。

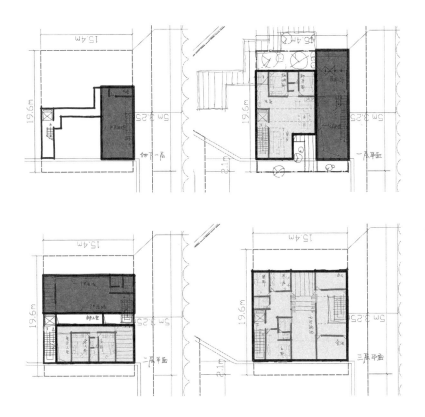

3.1.4.3 清华大学2020年初试试题——乡村驿站设计

任务书

一、设计要求

因发展乡村旅游业需要，拟在村庄入口处建设一座乡村驿站为游客和村民提供服务。要求在东面设置机动车入口，并在场地内留存10个以上的机动车位，保留一定的自然景观，绿化率在30%以上，场地南面临湖，结合环境进行布置，总面积控制在3500m² (±5%)。

二、功能要求

1. 门厅150m²；2. 民间展厅150m²；3. 活动室20m²×6间；4. 客房32m²×30间；5. 办公室20m²×6间；6. 会议室60m²×2间；7. 库房80m²；8. 多功能厅300m²；9. 乡村食堂120m²；10. 风味餐厅150m²；11. 厨房150m²。

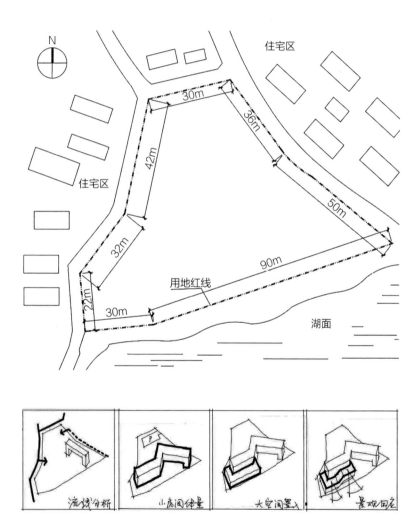

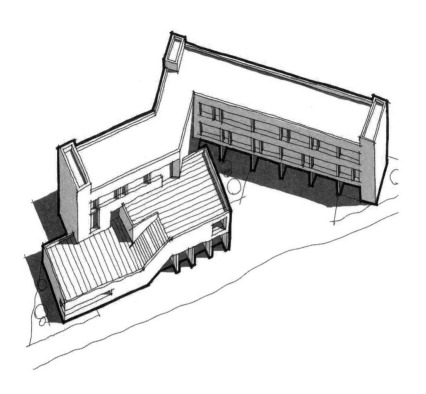

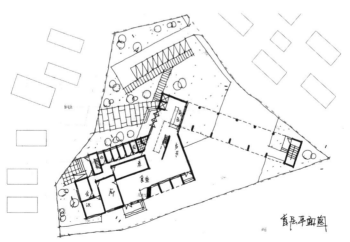

首层平面图

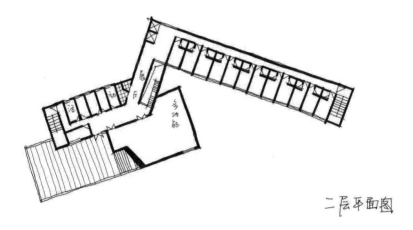

二层平面图

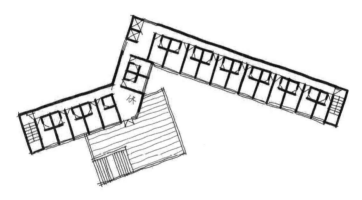

三层平面图

策略分析

■ 综合分析人流来向、主要景观的位置以及周边既有建筑的肌理尺度，新建建筑形体呈现条形体量。整体靠向南侧，在北侧非景观面东西两侧分别设置车行入口和村民入口；

■ 考虑到新建建筑对场地的遮挡，对条形体量进行了一层局部架空的处理，塑造景观渗透；

- 在生成基本体量后，根据功能分区将大空间体块与条形体量咬合，体块交界处天然形成室外平台呼应景观；室外景观平台呼应主要功能，为客房和展厅提供服务。

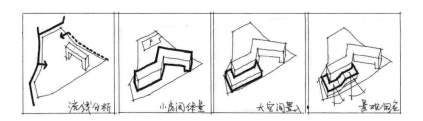

造型分析

- 平台及主要功能回应景观要素；
- 垂直疏散置于条形体量两端，中心靠近门厅处设置电梯及与展厅相接的空间楼梯，并在造型上得以体现，提高方案的易读性。

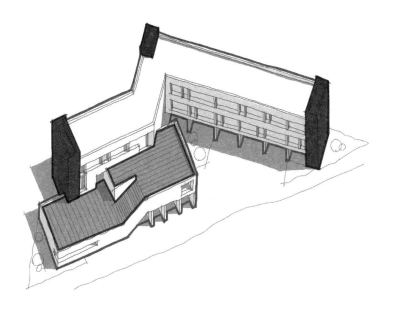

平面分析

- 客房功能集中放在二层、三层，游客主要使用垂直电梯到达客房，不串流；

- 二层客房功能与活动室、多功能厅之间用展厅和空间楼梯进行水平方向的动静分区；

- 平面功能分区，对景观及采光要求不高的功能不占据主要景观面和优质采光面；

- 餐厅、展厅作为对空间形状要求相对不高的空间用于消解平面内不规则空间。

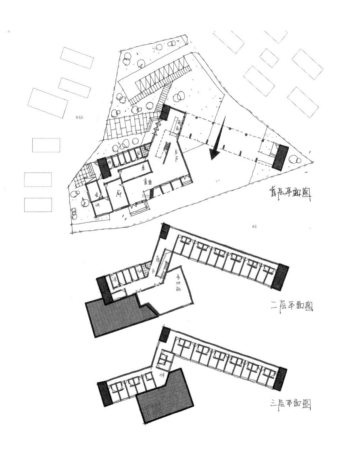

首层平面图

二层平面图

三层平面图

3.1.5 居住类建筑设计策略案例解析

3.1.5.1 Itahye住宅

设计策略：1. 场地高差较大，平衡土方，掉层处理；2. 利用造型减法，中部形成庭院，解决采光，前端面向景观的体量中部穿透，多室外露台处理；3. 连接体为私密卧室，公共空间穿透，物理上的透明，餐厅和起居室通透玻璃，内部协调高差。

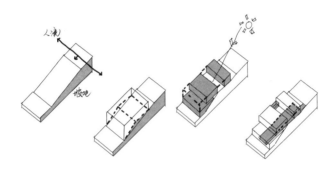

3.1.5.2 刘家山舍

设计策略：1. 场地原围合住宅与景观面须呼应；2. 置入形体呼应住宅与景观面；3. 顺应地势呈退台趋势；4. 台地抬升，左右咬合，室外路径。

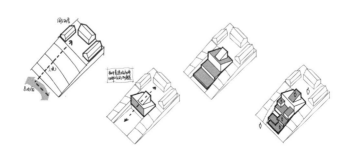

3.1.5.3 SA43公寓

设计策略：1. 街角的不规则场地；2. 整体偏移，锐角部分削减，用作场地绿化；3. 中部采光不利空间用作垂直交通，辅助空间。天窗采光；4. 公寓室外阳台退台减法。

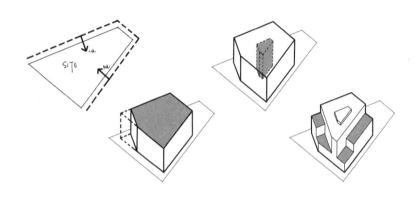

3.1.5.4 阿那亚唐舍酒店

设计策略：1. 不规则场地，有一侧为海面景观面；2. 整体偏移；3. 采取下整上散策略分散体量与斜边平行。底层的公共功能，全玻璃通透，物理的透明性；4. 连廊连接，插入公共功能小盒子，材质对比区分。

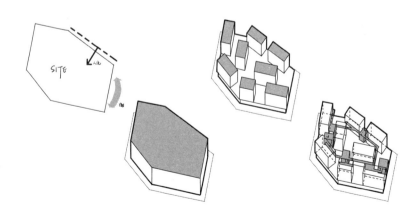

3.2 博展类建筑

重庆大学2016年初试试题——乡村竹艺工坊设计

天津大学2012年初试试题——艺术家工作室设计

同济大学2019年初试试题——文化艺术中心设计

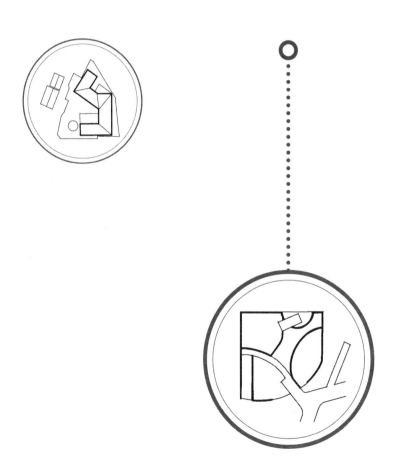

3.2.1 服务人群与功能定位

博展类建筑是为收藏、研究、保护、展示及传播人类与自然历史、人类成就、自然奇观、社会记忆等所专门设立的社会服务机构，是由一个或多个展览空间组成的承办展览活动的建筑物，有纪念馆、美术馆、科技馆、陈列馆等表现形式。不同规模的博展建筑为不同范围内的城市居民服务，本身不会主动筛选使用者，公共性极高。个别坐落于校园、工业园区或封闭式社区内部的博展建筑除外。

近年来博展建筑往往与会议、餐饮、宾馆、和其他文化设施等结合，承担更为复合的功能，演变成人们相互交流的公共活动场所。这就要求考生不仅要分别处理好博展功能和其他功能本身，还要思考不同功能之间能否形成有益互动，服务于作为整体的建筑。

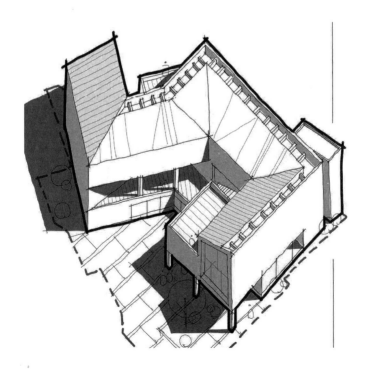

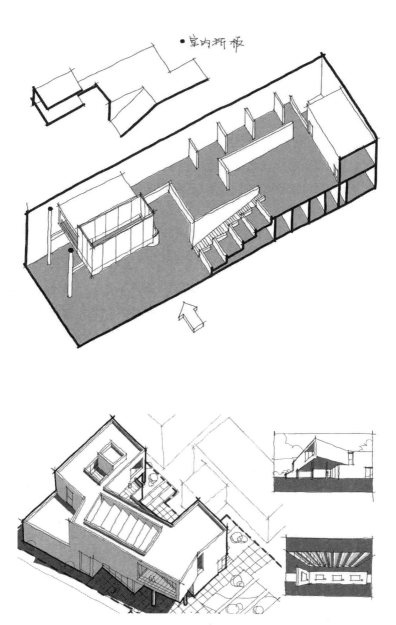

•室内折板

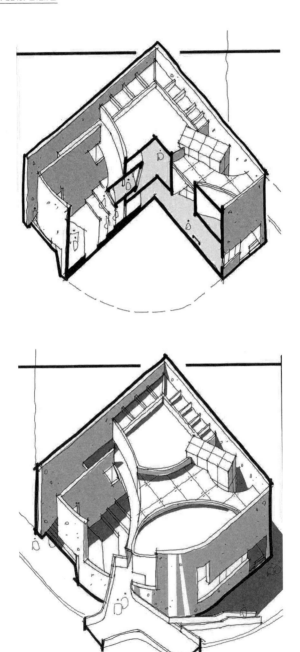

3.2.2 常见房间与考点难点

3.2.2.1 常见房间要求

博展类建筑的主体功能是展览空间，根据需要还可以细分为序厅、常设展厅、特殊展厅、临时展厅、主题展厅、多媒体展厅、室外展场等。细分后的展厅会有一些特殊的要求，如序厅需要放在展览流线的开端，临时展厅需要与建筑主门厅联系紧密，多媒体展厅可以不用自然采光，室外展场不宜脱离室内观展流线等。有时候为了增加设计的难度，任务书还会对展厅的数量、平面尺寸、净空高度、体积等参数提出额外的要求，切勿忽视。

使用者在各展厅间穿行看展的行为被视作一个完整的活动，所以设计者需要保证展览流线的连贯性，避免全部用走廊和房间门分隔展厅，而是灵活应用空间限定的七种手法（围合、设立、凹、凸、覆盖、架起、肌理变化），使得展厅与展厅之间既独立又连贯。

为了保证展陈活动正常进行，博展类建筑还会配备辅助办公区，常见的功能房间有办公室、会议室、洽谈室、设备间与各类机房、面积较大的仓储库房和入库准备室等。如果该博展建筑兼有研究职能，还会要求设置一定面积的研究教育区，常见的功能房间有研究室、阅览室、学术报告厅、体验区、修复室等。

在不同的任务书中，展览功能可能会被赋予不同的展陈主题，由于快速设计中较少涉及展台和展品的布置，所以不同主题对空间的影响也就被削弱了。

3.2.2.2 展览空间采光

使用者看展的行为主要依赖视觉，只有在保证展厅光照条件的前提下，展品承载的信息才能传达给观众。于是展厅的采光设计就显得尤为重要，实际项目中往往会考虑综合运用自然光和人工光源布置展厅的光环境，但是快题要求的技术图纸深度不足以表达人工光源的布置，所以一般只考虑对自然光的利用。

自然光的质和量往往不能兼得，考虑到展品需要更为均好的光环境，故展厅空间优先考虑利用北向的漫射光。

考虑到展品布置的高度往往与使用者视线高度一致，如果开设普通的侧窗会侵占展墙的面积同时在视平线高度形成炫光，所以展厅空间更适合采用高侧窗和天窗采北向光，偶尔有几处落地窗或采光庭院完全是可以接受的，还能增加展厅空间的趣味。

个别情况下，如展览雕塑等需要强烈光影对比的展品，可以考虑南向采光。

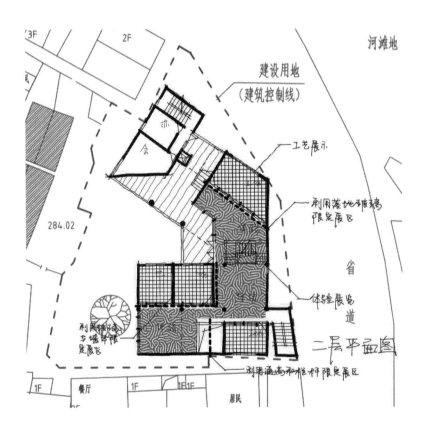

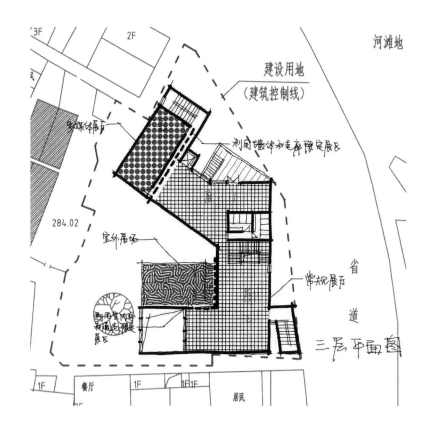

3.2.2.3 展览流线组织

　　无论快题考察中博展建筑的规模大小，在处理复数个展厅空间时都要注意展览流线的组织，确保使用者能以设计者所设想的顺序完整地、不重复地走过所有展厅（除非设计者有意塑造自由漫步的展陈序列）。

　　展览流线的具体要求是：首尾相连，不走回头路。首尾相连指使用者在参观完所有展厅后要刚好回到开始出发的地方，这个地方往往是博展建筑的主门厅，门厅有时还会有配套的服务台和存包处。不走回头路是指存在一条最简的路径，使用者能够经过所有展厅，但不会重复参观已经看过的展厅。

　　至于展览流线在水平和竖直方向无论多么曲折，只要满足上述两个基本要求，展览流线都是成立的。另外有必要说明的，是上述展览流线有一个前置条件，即这些展览行为都是发生在室内的，所以"首尾相连、不走回头路"也需要由室内流线保证，不得借助室外交通（夏热冬暖地区可放宽要求）。

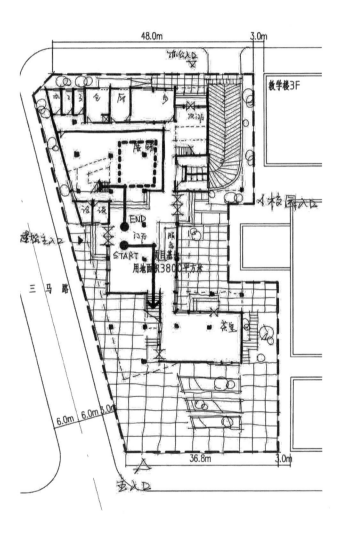

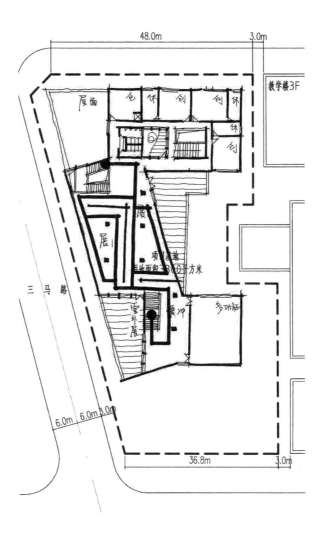

3.2.2.4 功能回应景观

　　如上文所说，展厅空间视平线高度被大量展品占据，尽管展厅是博展建筑的主体功能，但却很难作为回应周边景观的功能。在博展建筑中，优先考虑用咖啡馆、茶室、阅览室等对公共空间回应景观，避免让面积庞大的展览空间占据有限的景观面。

若任务书要求设计多个展厅并串联，设计者可以考虑利用展厅之间的过渡空间回应外部景观，这些开放的节点空间对展览流线而言也是点缀，赋予观展行为节奏。

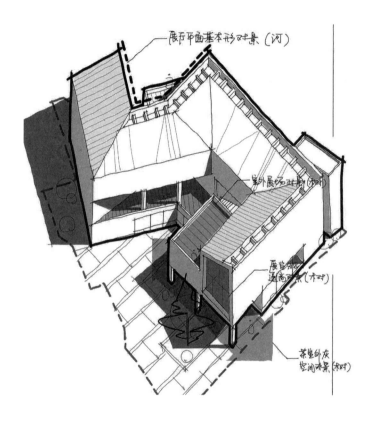

3.2.2.5 后勤流线组织

除了前来观展的使用者流线，藏品货物是博展建筑需要考虑的另一股流线。藏品涉及的功能有场地次入口、卸货区域、后勤入口（可以与建筑次入口或办公入口合并）、入库准备室、藏品库房、修复室、研究室等，其中藏品库房与展览空间要保持密切联系，它也是博展建筑中连接辅助部分和对外部分的桥梁。

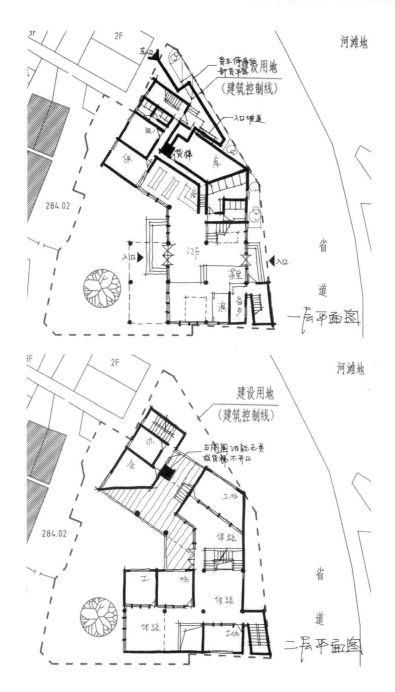

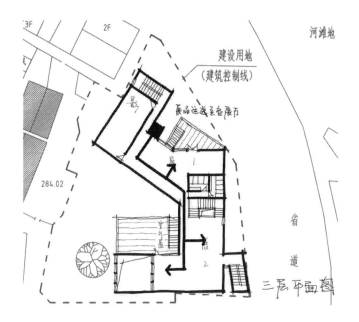

3.2.3 考察趋势与深化策略

博展类建筑中的展厅空间与住宅中的客厅类似，同属空间型功能，对平面形状的适应力较强，空间限定的手法也更灵活多样，平面中只要能够通过各类要素判断展厅的范围即可，不必再用四堵隔墙把展厅空间全部框死。这种性质为博展类建筑塑造空间提供了极大的可能性，设计者可以从平面切入，打破常规设计灵活变化的展厅平面，还可以考虑展厅剖面，有意识地塑造展览空间下底面和通高的起伏节奏变化，丰富观展人员在游览过程中的序列体验。

近些年的快题任务书中，博展类建筑与其他对外开放的功能愈发紧密地结合在一栋建筑中，甚至在所有复合功能公共建筑中，都可以增加一定面积的展览空间服务当地居民。这种情况下不同功能分区是共用辅助设施的，无须像设计单一的博展类建筑那样安排一条独立的后勤流线，对展厅空间而言也只需要满足最低限度的空间和采光要求。

　　功能复合也为方案深化引入了功能支撑，各分区独立运作只是最低要求，设计者可以基于使用者行为，有意引导不同分区的使用者相互交流，以阅览分区和展览分区这组为例，对阅览室的读者来说，视野范围内的展厅空间、展品以及正在观展的人群，都是极佳的景观资源，若能在剖面中塑造出"人看人"的视线联系，两个分区间的联系也会被加强。

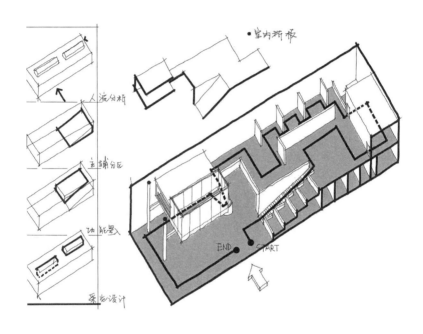

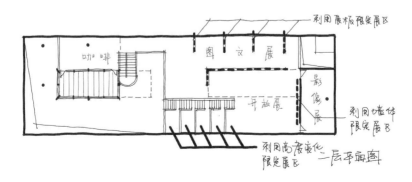

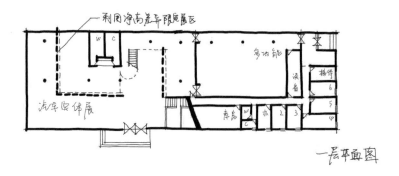

3.2.4 举一反三方案图纸

3.2.4.1 重庆大学2016年初试试题——乡村竹艺工坊设计

任务书

一、建设背景

我国西南地区某城市拟在下辖某村镇建设一座"竹艺工坊",选址位置、用地情况分别如附图所示。

地块基本呈三角形,位于集镇边缘,东侧紧临过境省道,南侧为古镇步行小巷,西侧与具有文化历史价值的小型祠堂相邻(图中斜线填充部分)。地块内有一棵古树,树形优美,须保留并合理利用。该镇具有较为悠久的历史,建筑形式、街道网络均基本保留了传统特征。距用地不远即为数十平方公里的"竹海",具有良好的生态价值、旅游价值和经济价值。当地有着利用竹材建设建筑、制作家具及生活器具的传统和一批技术精湛的工艺匠人。当地政府拟通过"竹艺工坊"的建设,实现对乡土技艺的保护、传承、推广。同时该项目也将作为一处公共空间吸引当地人的参与,提升乡村文化氛围。

周边建筑主要结构形式为木构屋架,外墙多为木板、青砖或块石砌筑,屋顶为小青瓦坡屋顶。除竹外,当地还盛产木材、石材。

二、主要建筑功能及指标要求

总用地面积：1818m²，总建筑面积：不超过1800m²，主要功能设置要求如下：

1. 竹艺作品展厅（可紧邻门厅开放性设置，也可成为相对独立空间，须考虑竹艺作品的尺寸、种类、展示方式）：400m²；

2. 工艺师工作室[包含4个工艺师独立工作区，4个游客体验工作区（可容纳一定数量游客旁观），具体面积自行分配]：400m²；

3. 竹影茶坊（含茶道表演区、品茶区、工作间）：200m²；

4. 竹艺影厅（观看艺术纪录片）：80m²；

5. 工艺品商店（可为开放空间，也可以独立房间）：100m²；

6. 管理辅助用房（办公、后勤、安保、配电等）：120m²；

7. 竹材储存库（须良好通风并考虑材料长度）：80m²；

8. 其他公共部分用房（门厅、卫生间、交通空间等）：面积按需自定；

9. 不设室内车库，但须在场地内设置不小于2个临时小汽车位；

10. 设室外杂物院一个，面积不小于100m²，与相关功能有机结合并相对隐蔽；

11. 在总建筑面积规定范围内，可适当增加必要的其他功能。

三、设计要求

1. 须充分考虑该地区气候、材料、生活习惯等条件，鼓励建筑风格和空间关系的创新；

2. 主体建筑层数不超过3层，制高点距室外地面竖直高差不超过16m；

3. 充分考虑外部空间与建筑空间的关系，充分考虑公共空间及公共活动的营造，充分考虑景观与建筑的关系；

4. 合理考虑出入口数量和类别；

5. 须符合现行国家相关设计规范。

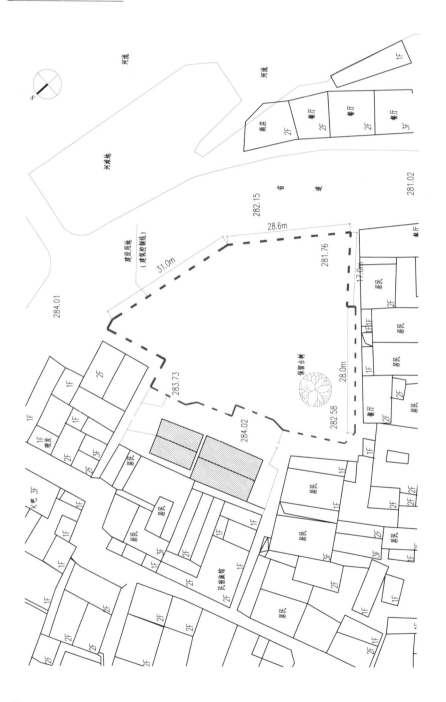

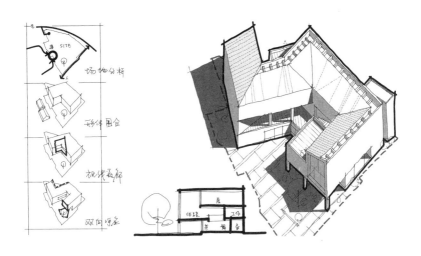

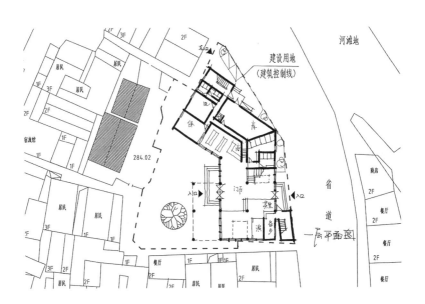

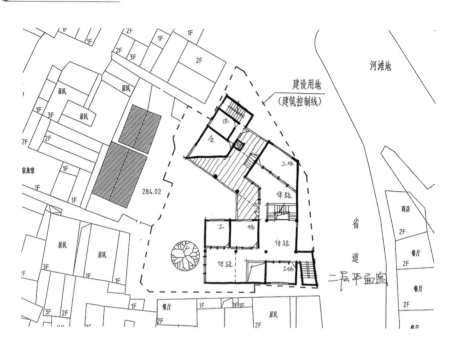

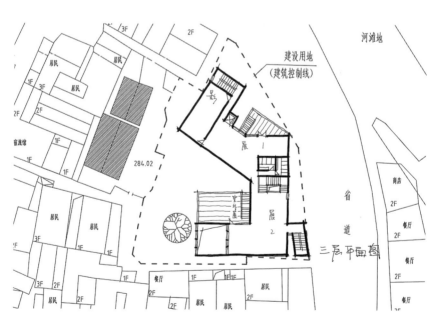

策略分析

- 综合分析人流来向和主要景观的位置，以及场地内要素，选取S形为
  本方案的基本体量，并使用"减法+平台+炮筒"来呼应景观要素。
  减法：减去中间平台；
  平台：形成视觉通廊（回应北向竹海+西向老建筑+南向古树）；
  炮筒：双向呼应景观。

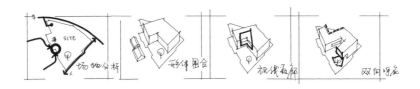

造型分析

- 用串联的平台呼应远处景观和场地内景观，形成视觉通廊。用炮筒强
  化呼应场地内的树木；
- S形体量呼应不规则场地；
- 坡屋面回应乡村肌理。

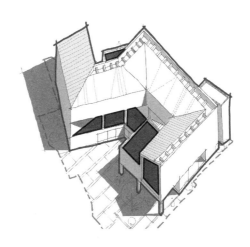

平面分析

- 平面主辅功能水平分区；

- 主要功能应对主要景观。

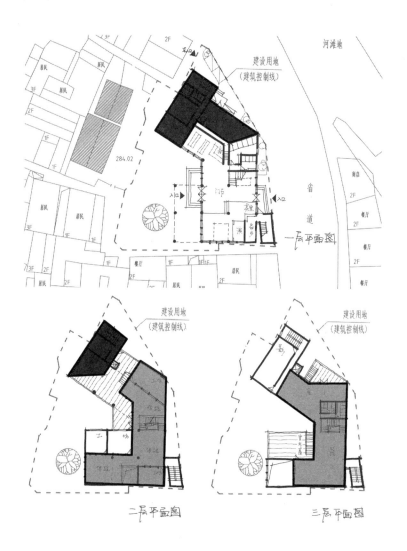

3.2.4.2 天津大学2012年初试试题——艺术家工作室设计

一、项目概况

项目基地位于北方某美术学院附近。拟在该地块建一艺术家画廊，供艺术家进行聚会及艺术创作交流之用，兼做艺术作品展览及售卖。

项目基地地块狭长，略呈梯形，南北进深87m，东西宽36.8~52.8m，地势平坦规整，总用地面积3800m^2，建设范围如图中用地红线所示，不作退线要求，图中各部尺寸均已标出。

二、设计内容

该画廊由展览售卖、聚会休闲、工作室和管理办公等四部分内容组成，总建筑面积2000m^2（地下停车库面积不计算在其中），误差不得超过±5%。具体的功能组成和面积分配如下（以下面积数均为建筑面积）：

1. 展览售卖部分

展厅，200m^2×2间，用于定期展出艺术家的书画作品；

展卖厅，180m^2×1间，供艺术品展卖，其中含洽谈室20m^2×2间；

展品储藏，50m^2×2间，作为展厅与展卖厅的附属空间，供艺术品备展、整理、储藏。

2. 聚会休闲部分

多功能厅，200m^2×1间，供艺术家进行聚会交流，并承担小型学术报告厅的功用；

茶室，150m^2×1间，主要对外经营，但须留出内部通道供贵宾从内部进出。

3. 工作室部分

工作室，75m^2×3间，供几位专职艺术家工作研究使用，注意房间的采光方向；

休息室，20m^2×3间，供艺术家工作间歇休息使用；

餐厅厨房，50m^2×1间，提供艺术家工作室成员约15人的午餐及晚餐。

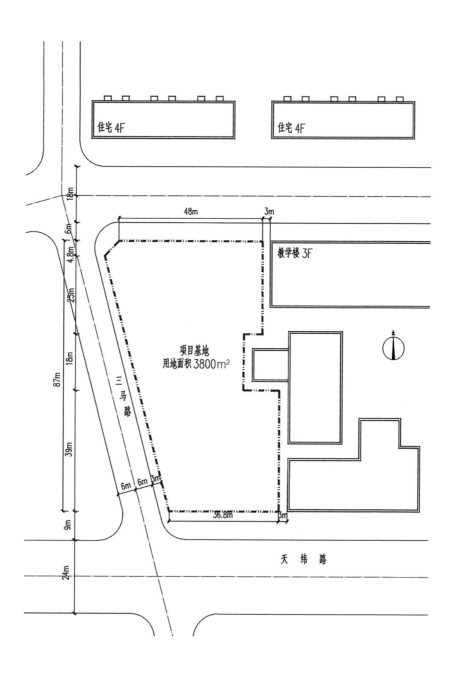

4. 管理办公部分

管理办公，15m^2 × 3间。

三、设计要求

1. 方案要求功能分区合理，交通流线清晰，并符合国家有关设计规范和标准；

2. 总体布局中应严格控制建筑密度不大于50%；

3. 茶室部分必须设置不小于300m^{2}的内部庭院（室外），作为顾客室外喝茶的场所，并具有良好的室外环境；

4. 本项目要求设置地下停车库，停车位不少于15个，不设地面停车位。注意车行坡道的坡度与转弯半径应符合设计规范；

5. 建筑层数2~3层，结构形式不限。

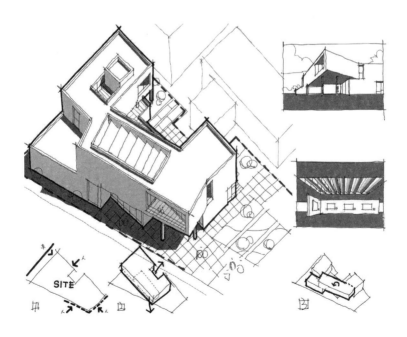

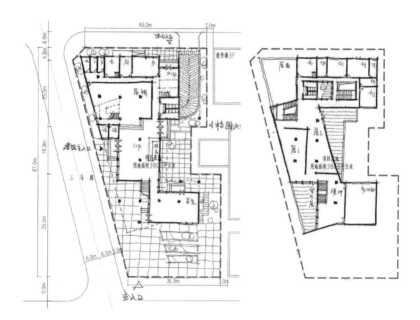

策略分析

- 综合分析人流来向和主要景观的位置，选取L形为本方案的基本体量；
- 以减法为主要操作手法，并用其回应建筑的出入口广场和人流；
- 架空产生入口灰空间和平台，呼应景观；
- 北向采光天窗位置暗示其对应的展厅功能。

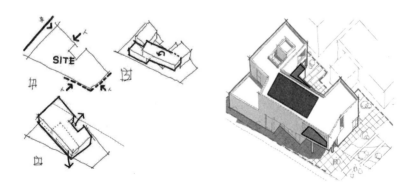

平面分析

■ 平面功能分区，将办公空间放置北面，综合考虑采光和人流来向；

■ 中间核心空间作为门厅和展厅空间，联系多功能厅和办公创作空间；

■ 使用两层就干净利落的解决所有功能空间，并留有空白来呼应场地和

人流来向。

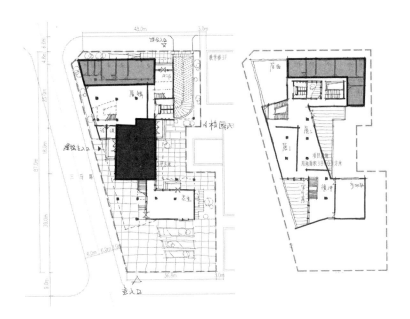

3.2.4.3 同济大学2019年初试试题——文化艺术中心设计

任务书

一、项目概况

项目用地位于上海市中心城区，周边城市环境见附图。

原址建筑曾是一座戏曲小剧场，后剧场被停用，部分建筑改为印泥制

作技艺传习所使用。现计划重新利用该场地，仅保留原有建筑的外墙（高

度10m），在外墙范围内新建一座包含室外剧场，印泥制作展示及城市咖啡

厅于一体的小型文化艺术中心。拟建建筑面积不超过1000m²，层数不超过2层，高度不超过10m。

二、场地条件

南侧为城市主干道，先有一座人行过街天桥横跨道路，南侧人流主要通过该天桥过街，北侧为住宅区，距离场地500m范围内设有地铁站，西侧为原剧场舞台区建筑，无开窗，高30m，东侧为城市道路；

场地内部平整，原剧场舞台区不在本次设计范围内，可用建设用地面积为660m²。

三、设计要求

拟建建筑沿城市主干道及城市支路应分别设置一个出入口，同时应设置一个直通二层天桥的出入口。建筑可贴临原剧场舞台区建筑（无开窗），同时可贴临10m高外墙设计（可开窗，位置自定）。

主要功能组成：

1. 室外观演区

面积不小于200m²，表演区域不小于6m×6m，观演方式可灵活设计。

2. 印泥制作及展示

印泥制作区150m²，展示区150m²。

3. 城市咖啡店

不小于200m²，便于对外服务。

4. 其他相应配套功能空间根据需要自行设置

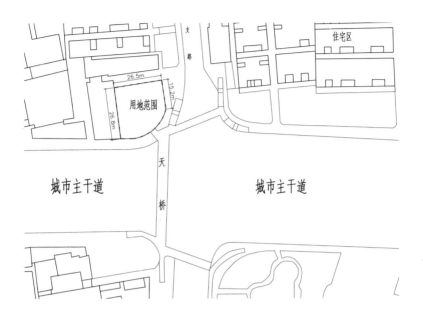

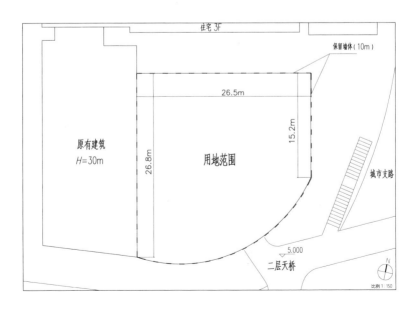

方案一

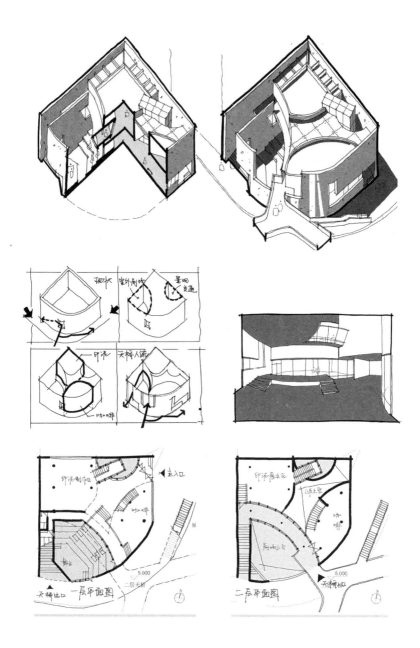

策略分析

- 综合分析人流来向和主要景观的位置，用减法得到本方案的基本体量；

- 考虑人流带来的门洞口及走势；

- 做减法，挖去两个庭院（室外剧场+景观交通）；

- 将两个主要功能体块置于两侧（印泥、咖啡）；

- 综合考虑门窗洞口设计。

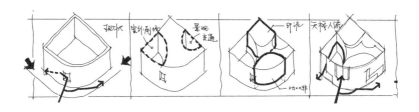

回应考点

- 面对封闭墙体：建筑形体采用减法，用减出来的体量满足采光要求；

- 面对老墙体：用玻璃体量考虑和墙体的连接；

- 面对室外剧场：设置在一层，并设置二层人行天桥走向一层环绕室外剧场。

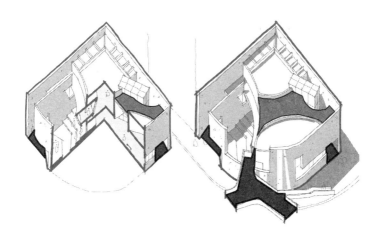

平面分析

- 平面功能分区，中间打通做中空，墙角做主要功能房间；
- 舞台空间设置成连续的室外观演空间序列。

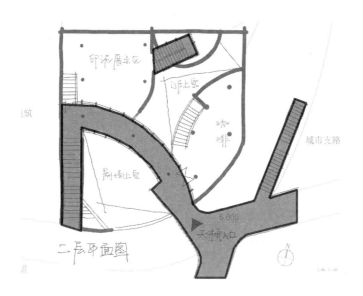

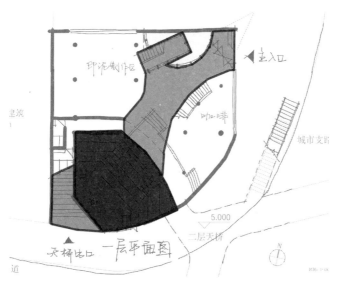

方案二

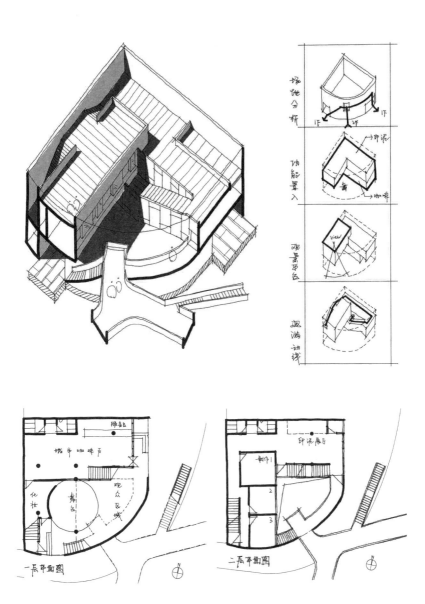

策略分析

■ 采用标准柱网，建筑整体呈L形，舞台观演空间及交通空间作为对平面形状要求不高的弹性空间紧邻圆弧墙体一侧设置，简化柱网排布难度；

■ 将二层立交桥与建筑交界处塑造成节点空间与舞台产生视看关系，联通建筑内部各功能分区且行人可以自由穿行至一层北侧及西侧街道；

■ 结合交通空间及舞台塑造出层次丰富的屋顶平台，形成完整的溯洄动线。

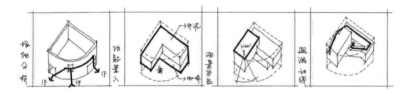

回应考点

■ 面对封闭墙体：室外观演区及交通空间位置设置满足了建筑通风及采光的需求；

■ 面对老墙体：结构柱退距2m满足新老结构退距要求；

■ 面对室外剧场：设置在一层，紧邻舞台设置室外观演区，西侧及北侧城市通行人流可以通过洞口视看表演区，一层与二层的交通流线环绕舞台设置，屋顶平台也与舞台发生视看关系。

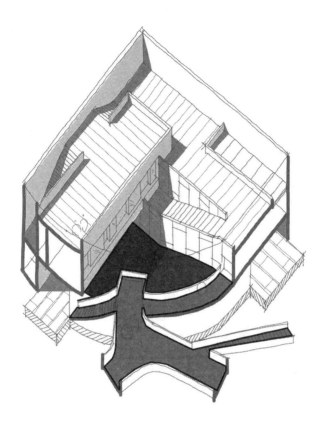

平面分析

■ 城市咖啡厅紧邻建筑北侧主入口设置，面向北侧及天桥下到一层的主要人流；

■ 印泥制作及展览区设置在二层，作为展区的一部分结合交通空间形成对外的视看关系；

■ 化妆间、咖啡厅服务区及卫生间紧邻保留墙体设置，不占用优质采光面及景观面。

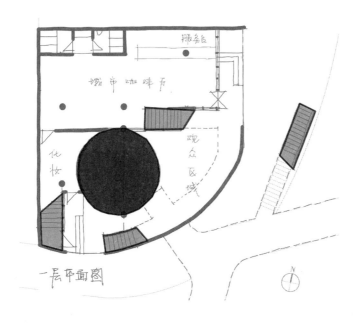

一层平面图

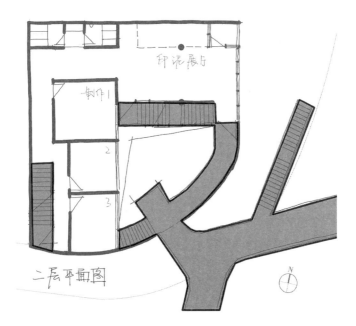

二层平面图

3.2.5 博展类建筑设计策略案例解析

3.2.5.1 张家界国家森林公园星之营地服务中心

设计策略：1. 场地为微高差，可利用内部台阶解决高差；2. 顺着等高线，平行布置体量；3. 将不同角度的体量连接；4. 根据为高差，体量局部跌落，结合餐厅功能置入庭院，营造景观。

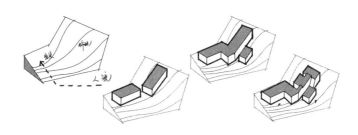

3.2.5.2 重庆两江创新∑空间

设计策略：1. 场地为垂直等高线的狭长基地，两侧景观面；2. 在不同台地布置功能视线关系决定具体位置，展览和餐厅临近景观面。顺着等高线整体呈现退台趋势；3. 出挑屋檐营造层叠的效果，屋檐局部透空，布置树；4. 垂直室外交通联系，垂直交通结合树，体验感增加，三种功能三个入口，合理分流。

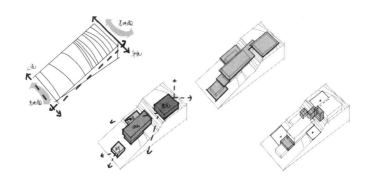

3.2.5.3 大发天渠游客中心

设计策略：1. 自然环境，环形道路，上下皆可作为入口；2. 呼应环形山路，梯田景观，置入梯形体量，顺应地势倾斜；3. 咬合体量，增加平台；4. 屋面大台阶，道路联系。

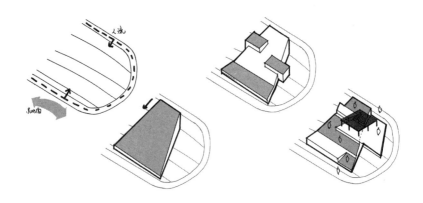

3.2.5.4 深圳海上艺术文化中心

设计策略：1. 不规则场地，三个景观面，复合功能；2. 整体偏移应对不规则边，内部中庭交通消化不规则空间，主要功能满足采光；3. 取景框盒子应对景观面；4. 屋顶连接城市道路，增强建筑公共性。

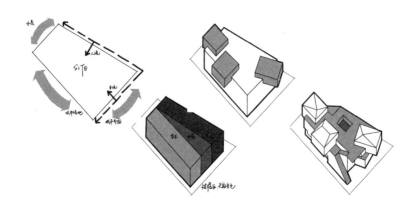

3.2.5.5 大邑农科展示中心

设计策略：1. 规则场地，农业展示，功能特殊；2. 向心型功能平面，采用十字形形体中部为展示功能；3. 底层架空，布置开放农业展区，遗址展示也适用，坡道连接二层入口漫游空间；4. 屋顶变化，平台悬挑，增加造型细节。

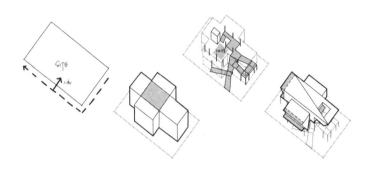

3.2.5.6 阜阳规划展示馆

设计策略：1. 规则场地，广场与河流为限定条件；2. 方盒体量，中部减法，有利采光，采用5×5模数；3. 根据功能分区，中庭空间调整形态，增加豁口，有利通风；4. 大台阶增加与城市联系。体现建筑公共性开放性；5. 可抄绘总平面图，学习场地设计。

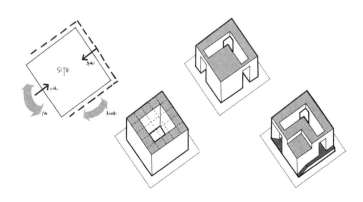

3.2.5.7 范德维尔葬礼中心

设计策略：1. 规则场地，葬礼中心功能特殊；2. 设计希望利用光营造每个功能房间的感受；每个功能盒子都是造型重点；3. 造型咬合，营造缝隙光。注意整体起伏趋势；4. 造型减法与完形处理，体块材质对比。

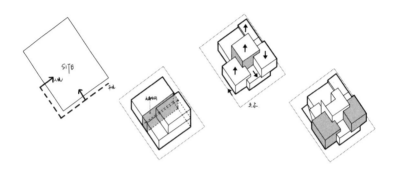

3.2.5.8 水的陈列馆

设计策略：1. 场地不规则，以水为主题的展览馆，功能特殊。从水的气液固三种状态为出发点；2. 水的液态，将展览功能抽离，凌驾于水上；3. 水的气态，中部通高天窗，将水蒸气上引；4. 水的固态，入口空间与斜边呼应进行切割。

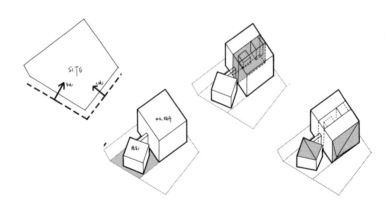

3.2.5.9 内利森砖业

设计策略：1. 平行四边形场地，存在锐角空间；2. 整体偏移，确定中庭与垂直交通疏散空间，滑动策略下两处的位置不变，疏散交通对角线布置；3. 形体滑动，形成入口灰空间，室外平台。

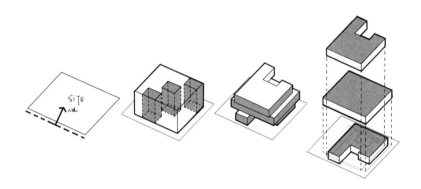

3.2.5.10 作家剧院中心

设计策略：1. 场地位于交叉路口，现存一棵树；2. 基本形减去树区域；3. 下整上散，暗示功能，二层平台观赏树；4. 门厅空间营造，大台阶与平台的延续性。

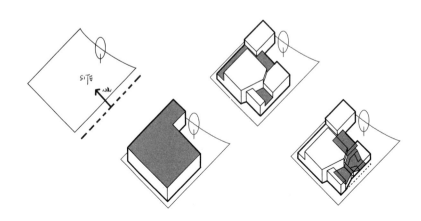

3.3 文体类建筑

- 同济大学2017年复试试题——城镇文化中心设计

- 哈尔滨工业大学2017年初试试题——北方某社区健身中心设计

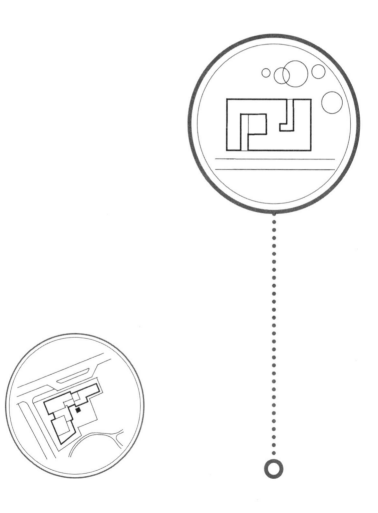

3.3.1 服务人群与功能定位

文体类建筑是文化建筑和体育建筑的合称，快题中的文体建筑是具有综合服务性质的小型公共建筑，如社区活动中心、游客服务中心、风雨操场、音体楼、会所等。文体类建筑是快题考察功能复合化趋势最直接的体现，有功能复杂、服务人群多样的特点，一栋文体建筑往往包含了3~4种传统建筑类型的主体功能，对于每个功能分区及其对应的服务人群，设计者都需要熟练掌握相关设计要求，这无形中增加了文体类建筑的设计难度。

文体类建筑中经常出现的有文化教育类功能、体育活动类功能、图书阅览类功能以及一些零星的商业。我们可以通过掌握这几种传统建筑类型来理解文体类建筑的定位。

文化教育类功能的目的是组织群众文化活动、普及文化艺术知识、开展社会教育工作等功能，最终形成与功能相适应的专业活动设施的公共文化服务场所；体育活动类功能需要配置专用设备，进行单项或多项室内体育活动、训练和比赛，与大型体育建筑中的场地区对应，因为规模较小一般不要求设计看台区和大量辅助用房；图书阅览类功能以书刊资料、多媒体资料为载体，为使用者提供借阅、自习、保管、研究的场所，有时还提供培训、学术交流等服务，设计理念由过去的"以藏为主"转变为"以用为主"，大量采用开架式阅览的模式。零星的商业空间需要设置在靠近建筑入口人流量较大的地方，也能结合展览流线布置在开端或末端，对采光和景观没有要求。

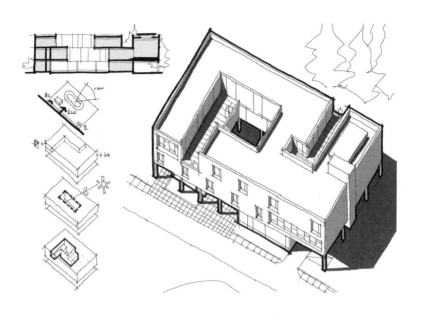

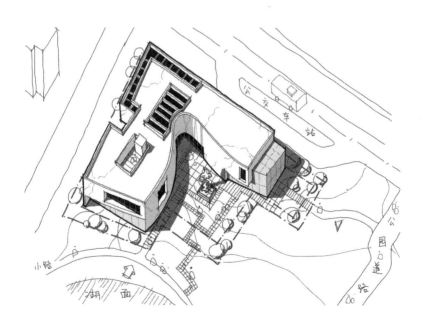

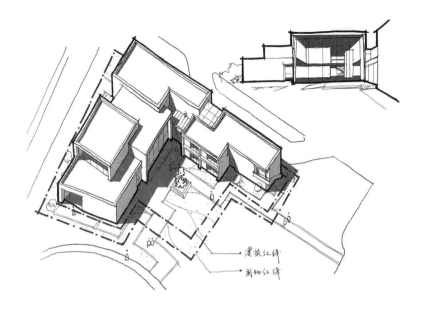

3.3.2 常见房间与考点难点

3.3.2.1 常见房间要求

文体类建筑中各类主体功能配比的不同,将大大影响功能房间的配置,不同文体建筑之间的功能往往相去甚远。在统计了不同任务书中对文体建筑提出的功能要求后,选取了其中较为常见的几类功能,需要注意的是这些房间在一栋文体建筑中不一定全部出现。

文化教育类功能中常见的房间有各类活动室、多功能活动室、大小教室、排练厅、各类工作室、学术报告厅、展厅等,其中除了教室、书画活动室、展厅外,大部分房间对采光和景观没有十分苛刻的要求。

体育活动类功能中常见的房间有标准体育场地、健身房、舞蹈房及各类室内运动的活动室,由于快题考察的规模一般较小,该部分不必像专业体育场馆设计那样对运动员、观众、裁判员、贵宾等进行分流,将所有人都视作运动场馆的使用者即可。当运动场馆面积较大,常规柱跨无法满足需要无柱大空间时，此类房间往往也需要设计天窗引入北侧的漫射光（涉及的场地标准尺寸会由任务书给出）。

图书阅览类功能中常见的房间有阅览室、儿童阅览室、多媒体阅览室、书库、修复室等，带有阅览室字样的房间对采光都有比较严格的要求，优先考虑北侧的漫射光，儿童阅览室宜采南向的直射光并设置在一层便于疏散。满足采光的前提下，阅览室作为公共性较强的房间，也是应面对景观的常用功能。

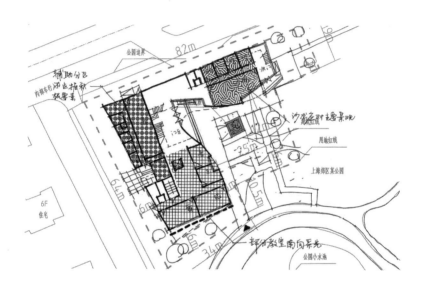

3.3.2.2 城市性

与博展类建筑相似，文体类建筑需要为周边市民提供最基本的文化体育服务，所以建筑中各主要功能是否容易到达，公共空间是否能直接为市民所用都成了判断文体建筑好坏的重要标准。设计中需要充分考虑整体性、开放性、公共性，建筑单体与城市文脉形成整体，向城市开放界面，为市民创造更多优质的公共空间。

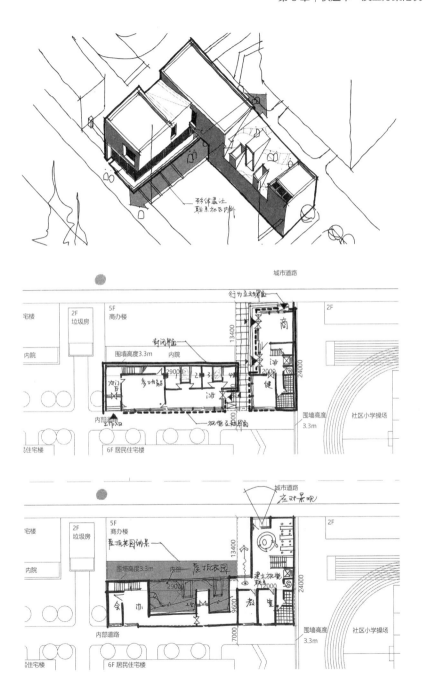

3.3.2.3 交通组织

由于在一栋建筑中同时存在几种性质不同的功能分区，如何不借助室外动线，让各类使用者在主门厅处完成分流也是一个难题。理想的

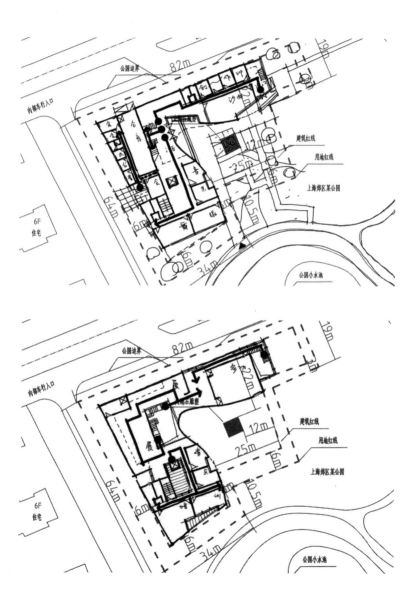

流线组织是以主门厅为起点，各功能分区为终点，连接两者的路径要求不穿过无关的功能分区。分区越复杂，门厅和主要交通组织的难度就越大，可以适当增大门厅与各功能分区在水平和竖直方向上的接触面积，避免串区。门厅本身有时候也要承担一定功能，增设咨询处、服务台、值班室、存包室等。

3.3.2.4 动静分区

功能复合的另一个问题是要在有限的空间中同时放下安静的功能与吵闹的功能，前者对声环境要求较高，以各类阅览室、书画活动室和教室为代表，受后者的影响很大。处理动静分区的原则是保护安静的分区不受影响，既可以在水平方向拉开一跨左右的距离，也可以利用楼板这一构件进行竖向分区。

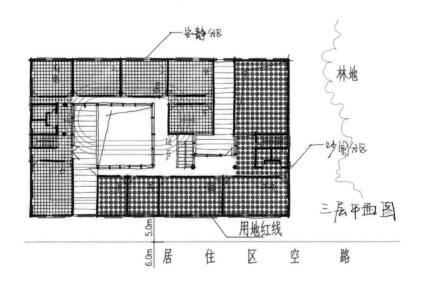

3.3.2.5 大小空间组合

几乎所有文体建筑都会出现运动场馆、学术报告厅、多功能活动室等无柱大空间，超出了经济柱跨的服务能力，需要突破常规柱网。在考虑其余的小空间与无柱大空间的位置关系时，要避免以下几类情况：一来不能在大空间上方布置小房间，大跨空间的顶面至多作为上人屋面使用，不宜再作为室内空间的地板；二来当大空间处于小房间上方时，需要注意进深过大的大空间影响下层功能的采光，或是形成与人流量不相符的过宽的交通空间。

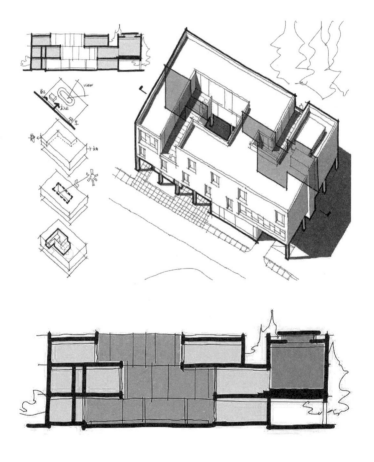

满足最低限度要求的前提下，设计者还可以从大小空间的关系入手，营造错落有致、富有节奏的剖面空间。

3.3.2.6 观演功能

文体类建筑任务书中也曾考察过观演类功能，考生对观演用房所涉及的基本概念，例如视线抬升、座位数量与间距、过道设置、舞台剖面设计等都需要有所了解。文体建筑中的观演功能规模不大，不必像独立的观演类建筑那样功能齐全，满足最基本的观演需要就足够了。

3.3.2.7 学术报告厅与贵宾室

如果任务书同时要求学术报告厅和贵宾接待室，此时接待的对象默认是演讲者，设计者不仅要确保学术报告厅容易到达，贵宾接待室位于辅助分区内，还要保证这两个功能之间联系紧密，演讲者能够便捷地达到另一处。

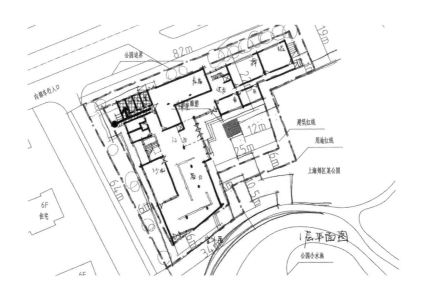

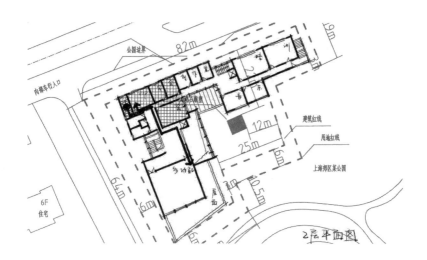

3.3.3 考察趋势与深化策略

如上文所说，文体类建筑作为快题考察功能复合化的集中表现，可以看作是几种常见公共建筑类型的组合，但是建筑规模更小，使用人群也更复杂。所以设计文体类建筑不能只着眼于它本身，而是要综合提高自己对各种文化体育类建筑的理解，特别是其主体功能的空间要求，才能以不变应万变，处理好各种功能分区的组合，换句话说就是"功夫在诗外"。

除了继续关注室内功能的合理性，因为文体类建筑常常处于公共程度最高的城市空间中，近年来任务书不断要求考生思考如何为所在的场地提供更好的城市环境，寻找城市空间与室内功能之间的平衡。建筑物与城市的界面不再是竖直上下的平整立面，而是在面向城市的方向表现出一定的曲折凹凸，使得两种空间充分地咬合在一起，增加了建筑与城市的接触面就意味着内外互动的可能性也大大提高。

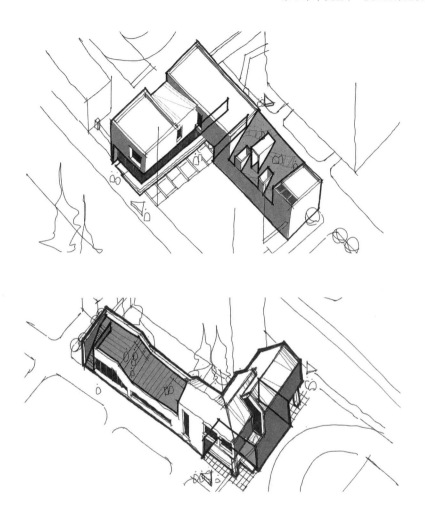

　　上文关注的是文体建筑整体品质的提升，考生还可以单独对建筑中的主要功能分区进行深化设计。以图书阅览功能为例，图书阅览功能的主体是阅览空间，它也是整个分区中开放程度最高的部分，为的是吸引使用者进入建筑并在此处停留。阅览空间既可以是开放的流动大空间，也可以根据任务书要求拆分成若干个房间，再打包组合成完整的阅览分区。同时图书阅览分区的正常运作还离不开配套的后勤空间，且在这两者之间有书籍调动的需要，所以它们在空间上的联系也比较紧密。从面积要求看，阅览空间的面积往往大于后勤空间的面积之和，此外后勤空间还会被进一步切割成若干个小房间，进一步拉开了服务空间与被服务空间的面积差距。考虑到使用者对室内空间的感受，面积越大的房间需要有更高的净高才能避免压迫感。那么阅览空间和后勤空间作为一组面积相差悬殊，但又不得不靠近布置的功能，在剖面中也会呈现出室内高度要求不同的空间相互毗邻的结果，在功能层面为考生从剖面入手提供了依据。

再以体育活动功能为例，作为主体的运动场馆不仅服务于进行体育锻炼的人，场馆以外的使用者同样是服务对象。对于后者，尽管没有直接参与体育活动，但仅仅是从不同视角观看比赛、与运动员互动同样是不错的体验。所以考生在设计运动场馆时可以有意识地在场馆周围（甚至是不同标高的地方）设置供观众视看的观众席，像在住宅中塑造代际关系一样，在剖面里反映甚至引导运动员和观众之间的关系。此外，室内进行的活动若能透过落地玻璃向城市展示，建筑与城市间的联系就多了一个层次。

3.3.4 举一反三方案图纸

3.3.4.1 同济大学2017年复试试题——城镇文化中心设计

任务书

一、设计背景

现拟建某城镇文化中心，项目位于上海郊区某公园内，基地东南侧为公园，西侧为城市河道，正北侧为公交终点站。

基地面积为3794m²，地势基本平整。该城镇有一定的历史沉淀，基地有一块5m×5m×2.5m的太湖石，具有一定的艺术观赏价值。

项目为该镇区公共服务配套设施，同时展示当地特色文化。拟建建筑面积3000m²，层数不超过两层。

二、设计要求

1. 建筑总体布局应充分考虑与周围地块的关系；

2. 应处理好基地入口、建筑入口的相对关系；

3. 按规范设置无障碍设施；

4. 由于基地位于公园内，公众必须通过场地东北侧的公园入口进入，沿公园内道路到达基地，联系既有公园内道路与建筑出入口的道路须自行设计；

5. 公众机动车及非机动车流线在本设计中不予考虑；

6. 设计中应充分利用现状保留文物。

三、主要面积分配

1. 门厅100m²；

2. 文化展示厅450m²（可分为2~3个，层高>5.5m）；

3. 多功能厅200m²；

4. 沙龙150m²；

5. 培训教室100m²×2间；舞蹈排练室100m²×2间；音乐教室50m²×4间；

6. 大会议室100m²；小会议室25m²×2间；

7. 贵宾接待室50m²；

8. 创作室25m²×3间；

9. 办公室25m²×3间；

10. 库房200m²；

11. 其他相应配套功能空间根据需要自行设置。

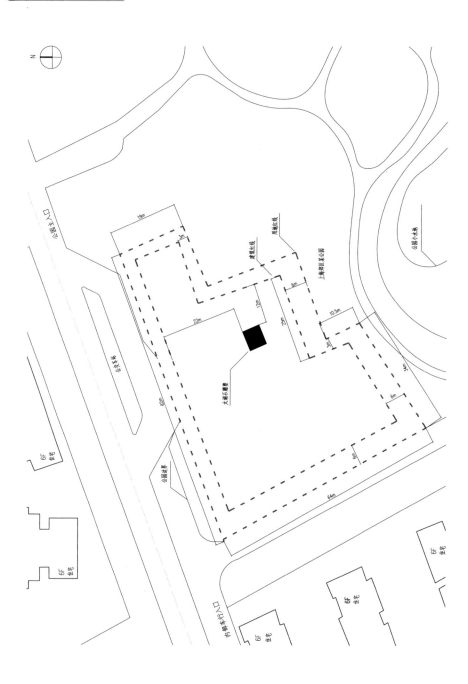

方案一

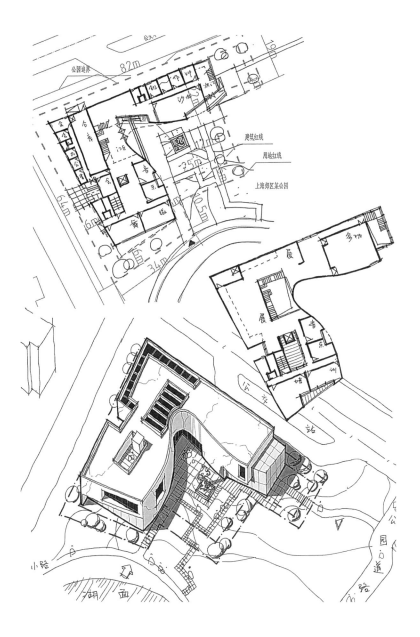

策略分析

■ 综合分析人流来向和主要景观位置，选取L形为本方案的基本体量；

■ 以减法为主要造型手段，在场地中置入L形体量后，于建筑面向主要景观
要素的位置挖出窗洞口、灰空间等应对景观和人流，在建筑其他位置挖
出庭院、局部的缺口，确保手法的统一，最后的造型结果也比较完整；

■ 建筑形体分别回应红线内的点状景观要素和红线外的面状景观要素，同
时轴测中的窗洞口都能对应到平面中的主要功能。在建筑靠近太湖石的
位置，对形体进行了一定的扭曲变形，虽然墙面没有开设很大的视看窗
口，但这样的造型结果依然可以视作是对点状景观要素的充分回应；

■ 立面虚实对比，塑造层次，将造型"解释"为粗糙的混凝土外壳包裹
玻璃体的结果。

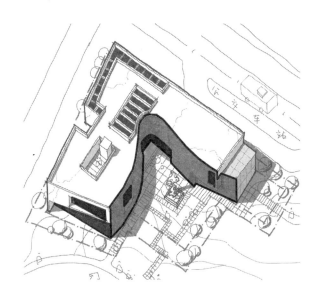

平面分析

■ 总平面设计考虑使用者从城市公园进入场地再进入建筑内部的流线，
路径与太湖石之间有丰富的关系；

- 平面功能分区，次要功能和对采光要求不高的功能不占据主要景观面和优质采光面；

- 将公交车站视作噪声来源；

- 将会议室视作内部办公人员使用；

- 沙龙与创作室打包成为单独分区。

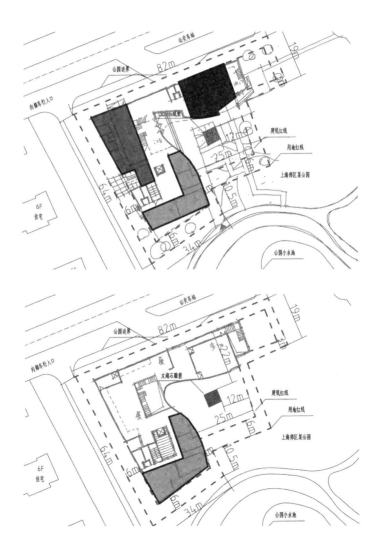

方案二

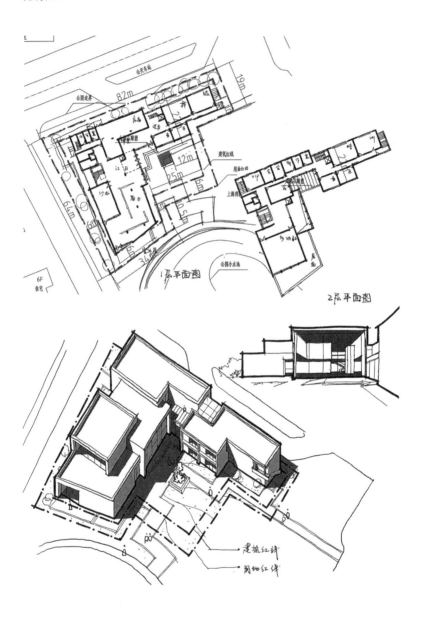

策略分析

- 综合分析人流来向和主要景观位置，选取L形为本方案的基本体量；
- 以加法为主要造型手段，将每一个功能分区或独立功能房间整合成方盒子体量，再在不破坏基本形的前提下将几个盒子穿插咬合，最终得到造型结果；
- 连接各功能分区的主要交通空间同样被塑造为方盒子，同时采用折板的处理，用主门厅空间对太湖石框景；
- 立面开窗、阳台位置回应主要景观要素。

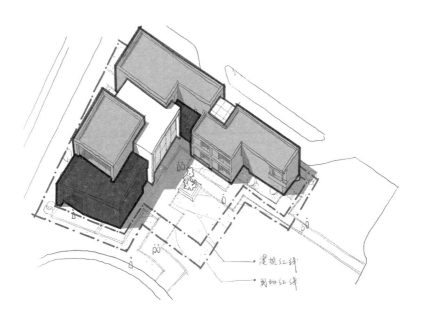

深化潜力

　　门厅空间除了对太湖石有框景作用外，也是使用者进入前了解建筑的窗口。故门厅空间的立面选用高透玻璃，每个功能块的方盒子不仅在室外呈现，也在室内得到充分体现。

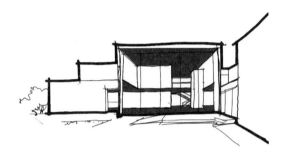

平面分析

- 总平面设计考虑使用者从城市公园进入场地再进入建筑内部的流线，路径与太湖石之间有丰富的关系；

- 平面功能分区，次要功能和对采光要求不高的功能不占据主要景观面和优质采光面；

- 将会议室视作对外开放的服务，创作室也纳入其中；

- 沙龙单独成区，与展区有较好的视线联系；

- 新增室外展场部分。

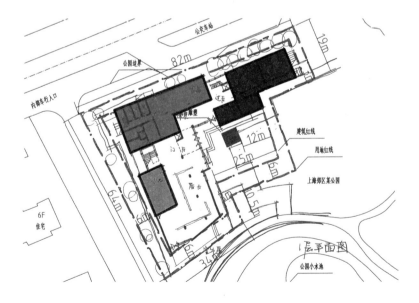

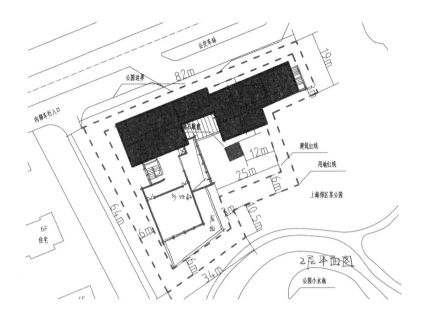

3.3.4.2 哈尔滨工业大学2017年初试试题——北方某社区健身中心设计

任务书

一、设计背景

在北方某住宅区，拟用已废弃的幼儿园活动场地，新建一处为社区服务的健身中心，总建筑面积2700m²左右（上下浮动10%），建筑层数3层不允许设置地下室，基地位于居住区主路的北侧，南侧有一处自然湖面东侧和北侧有树林，建设用地1500m²。基地内现有一处幼儿园的环形塑胶跑道需要保留，西南侧钢炉房需要保留，具体位置及详细尺寸见基地总平面图。

二、设计要求

1. 严格遵守场地可建设范围进行健身中心设计，处理好新建建筑与场地内跑道、钢炉房之间的空间关系，场地设计应做到交通流线清晰，内部空间布置合理，建筑形态与周边自然环境相融合；

2. 原有环形塑胶跑道需要保留，改设为健身慢跑道，跑道上空可以有新建建筑物架空其上，但跑道上空净高不得低于3.5m，新建建筑的墙、柱不得落于跑道之上，钢炉房层高4.2m，设配已经移动出，现有结构状态良好，设计时必须加以利用，并要与新建筑互相融为一体；

3. 总平面设计中要求设置一处6辆小型轿车停放的停车场，位置合理，集中设置；

4. 建筑内部功能布局合理，尽量避免不同流线之间互相干扰；空间组织人性化，功能分区明确，流线清晰，相关配套设置齐全。体现健身中心的建筑空间特征，建筑造型简洁大方，与功能形式相一致，具有一定的地域特色和时代感。

三、设计内容

主要功能房间面积分配如下：（所列面积为轴线面积）

1. 入口大厅120m²

2. 羽毛球室（净高高于6m即可）120m²

3. 乒乓球室50m²×2间

4. 健美操室50m²×2间

5. 中型舞蹈室100m²×2间

6. 小型舞蹈室50m²×4间

7. 瑜伽练习室50m²×2间

8. 器械练习室100m²×2间

9. 棋牌活动室35m²×6间

10. 图书阅览室75m²×2间

11. 男更衣淋浴室80m²

12. 女更衣淋浴室80m²

13. 医疗室50m²

14. 小型仓库80m²

15. 办公室25m² × 4间

16. 员工休息室25m² × 2间

17. 储藏室35m² × 4间

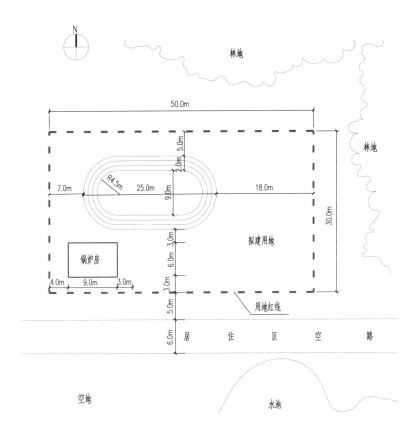

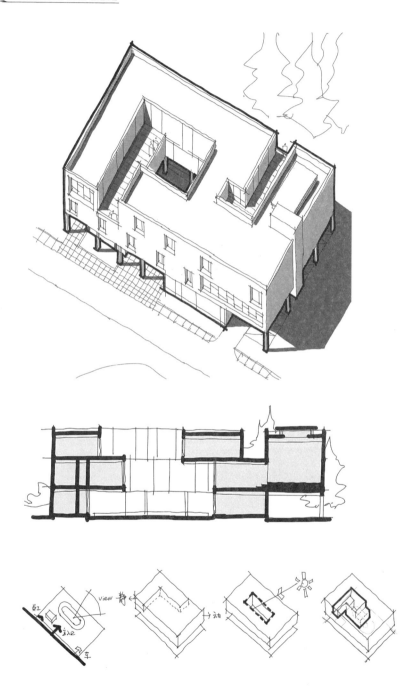

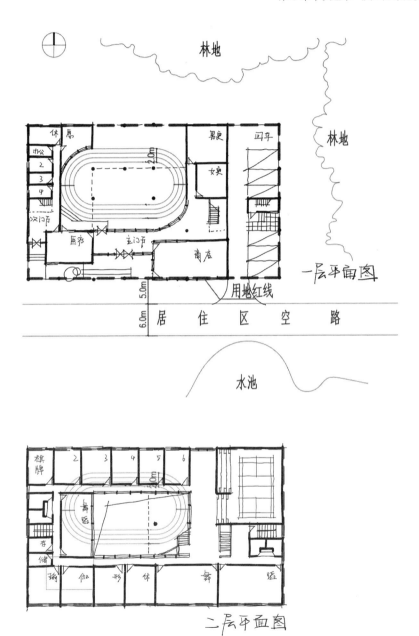

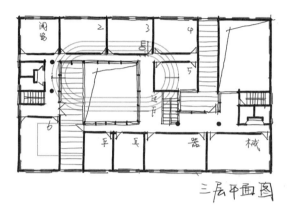

三层平面图

策略分析

■ 综合分析人流来向和主要景观的位置，以及场地内要素，选取回字形
为本方案的基本体量；

■ 以减法为主要造型手段，在回字形的基础上，于建筑面向主要景观要
素的位置挖出窗洞口、灰空间等应对景观和人流，在建筑其他位置
挖出庭院、局部的缺口，确保手法的统一，最后的造型结果也比较
完整。

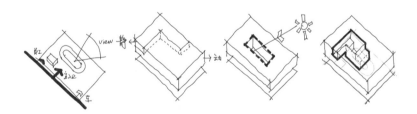

平面分析

- 平面功能分区，主要训练室功能使用主要朝向，且尽量南北朝向，次要功能和对采光要求不高的功能不占据主要景观面和优质采光面，使用东西朝向；

- 各种类型的训练室、图书阅览保证南北向采光；

- 医疗室放在底层，与运动场联系紧密。

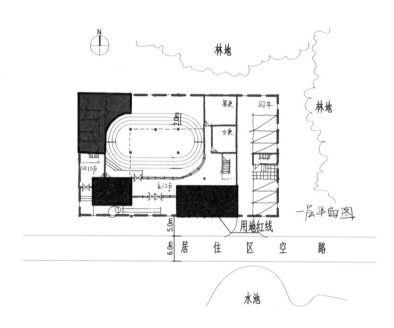

一层平面图

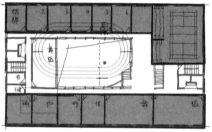

二层平面图

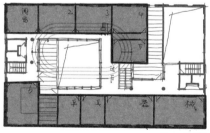

三层平面图

3.3.5 文体类建筑设计策略案例拆解

3.3.5.1 唐堡书院

设计策略：从散到整的整体策略。

1. 场地位于乡村大环境，有小尺度住宅与纵横的水田两种肌理原型。具体基地为不规则，一侧临水；2. 置入并置小体量，坡屋顶形态。顺应场地边界趋势；3. 通过灰空间连接；4. 局部体量增加二层，材质对比。

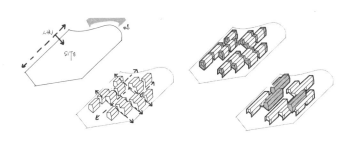

3.3.5.2 仁恒南通公园世纪艺术生活馆

设计策略：1. 不规则场地，两侧景观面须呼应；2. 采用锯齿状体块应对斜边；3. 退台趋势应对城市界面；4. 运用造型加减法，增强建筑开放性。有些体量用片墙围合，增强体量感。

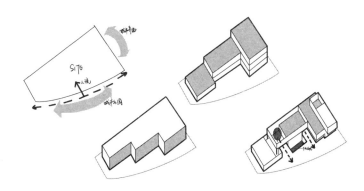

3.3.5.3 挪威莫尔德社区文化中心

设计策略：1. 不规则场地，不同高差的人流来向；2. 场地设计，大台阶连接台地，预留城市小广场；3. 屋面造型与大台阶连续。上人屋面增加建筑公共性；4. 塑造入口空间，入口空间汇集三方人流。立面虚实对比呼应造型。

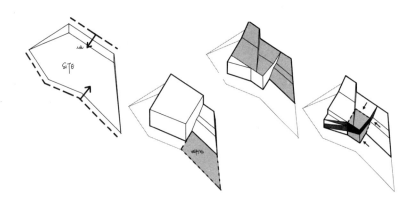

3.3.5.4 上海复旦经世书局

设计策略：1. 一排行道树为呼应景观；2. 集装箱装配式建造；3. 体量减法，形成平台呼应树，天井解决内部采光；4. 锯齿形阅读空间。

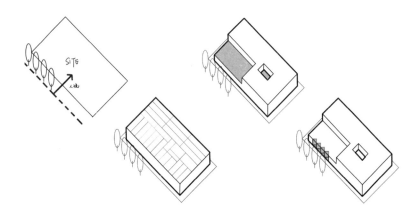

3.3.5.5 泽雅龙溪艺术馆

设计策略：1. 场地一侧临街，一侧临水；2. 置入条形体量，呼应线型水元素；3. 化整为散，体量咬合，微偏移角度；4. 单坡屋顶，上下微起伏，交通空间外化的体量加法。

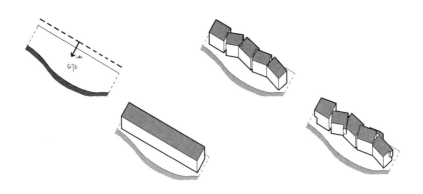

3.3.5.6 村上湖舍

设计策略：1. 乡村环境、滨水场地；2. L形体量，与水围合成院落；3. 长边体量错动，内院有利于采光通风；4. 屋面平坡结合，坡屋顶坡度一致，平坡相接时开天窗。

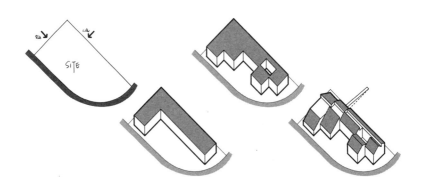

3.4 教育类建筑

- 同济大学2016年初试试题——大学生活动中心设计

- 同济大学2017年初试试题——中学音体楼设计

- 东南大学2015年复试试题——校园健身中心设计

- 同济大学二年级课程设计题目——大学生活动中心设计

- 西安建筑科技大学2019年复试试题——高校学生活动中心设计

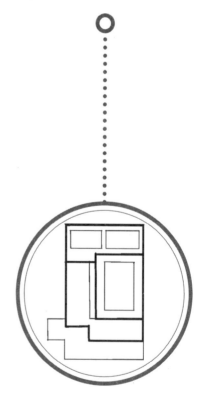

3.4.1 服务人群与功能定位

教育类建筑是人们为了达到特定的教育目的而兴建的教育活动场所，针对不同年龄段不同培训目的的使用者，教育类建筑演化出了幼儿园、中小学校、高等院校、职业教育院校、特殊教育学校、科学实验建筑等形式。受制于考试时间，快题考察中涉及的教育类建筑一般体量不大，而且常常以单体的形式出现，较少要求校园的规划设计。

教育类建筑在职能上与上文提到的文体类建筑有许多共同之处，同样是为使用者提供文化体育类服务，主体功能无外乎也是文化教育类功能、体育活动类功能、图书阅览类功能这三者的排列组合。与文体类建筑不同的是，由于教育类建筑的选址往往处于校园内部，考虑到我国绝大部分高校和中小学依旧是封闭式校园的管理模式，处在校园内部意味着与城市空间在一定程度上脱离，面对的使用者经过校城界面的筛选也变得更为具体，几乎可以简化成学生与老师两类人，偶尔考虑为部分城市人流服务。

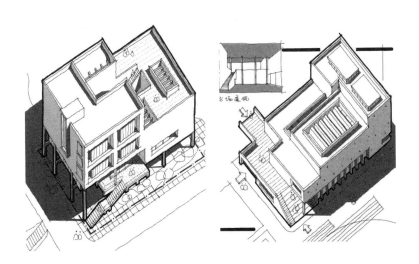

3.4.2 常见房间与考点难点

3.4.2.1 常见房间要求

教育类建筑常见的房间要求包括常规教室、专业教室、各类实验室、阅览室、自习室、研讨空间、风雨操场、学术报告厅、各类活动室、办公室、教室休息室、医务室等。结合生活经验就可以判断其中服务于学生的功能和服务于教师的功能，并以此为依据对使用人群接近的功能集中打包处理，特别是为教师和行政办公人员服务的辅助分区，要注重集约化处理。

在所有服务于学生的主要功能中，带有"教室"后缀的房间都要尽量争取南北向的采光，避免东晒和西晒给教室带来的负面影响。各类实验室前的限定词对快速设计的影响不大，如果任务书没有明确提出尺寸、净高、朝向等要求，作为普通房间处理即可。教育类建筑在总体上是偏安静的，但也有一些功能比较吵闹，需要在设计时注意动静分区。

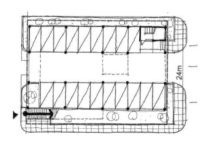
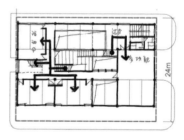
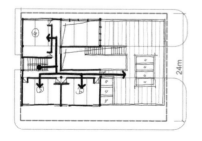
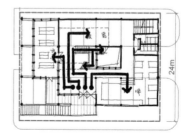

3.4.2.2 校园轴线延续

封闭式校园常见的总体结构模式有品字形、复合品字形、带形、组团形和圈层形等，它们都依赖于校园环境中的空间而非建筑实体来形成一定的空间秩序，体现规划的组团逻辑。如果校园中的轴线、界面或公共空间秩序影响到了快题用地控制线内部，设计者需要避免建筑实体与它们产生冲突，至少也要采取退让的姿态。

3.4.2.3 人流判断

校园环境给教育类建筑带来的另一个难题是人流方向判断。如果是处在城市环境中的公共建筑，在判断主要人流来向时会充分权衡用地控制线附近的道路等级、集散广场、公交站点、步行设施等要素。但因为校城边界的存在，围墙以外的人流情况对校园内教育建筑的入口判断影响甚微，设计者需要借助校园内部道路等级、停车场、其他建筑的出入口、校园主次出入口等新的要素判断教育建筑的入口方向。

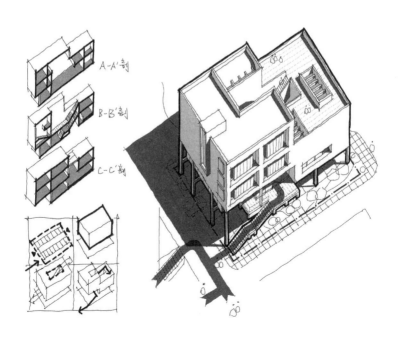

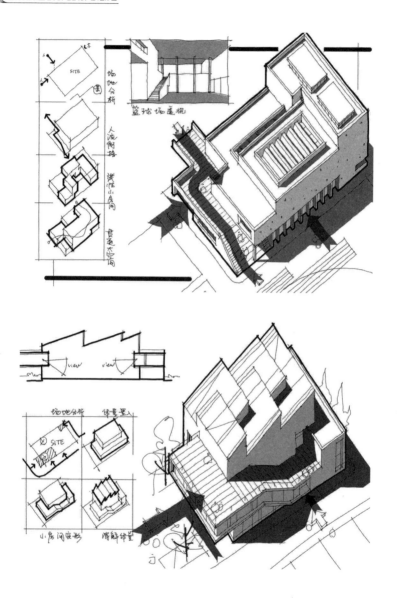

3.4.2.4 建筑群体

得益于传统校园封闭内向的管理模式和统一建造的特点,教育类建筑红线周边的校园建筑有时会体现出一些共性,例如共同的开口朝向、层数限制、屋顶形式、控制线等要素。当任务书对某些条件描述不清晰时,考生可以借助总平面中周边校园建筑的现状对上述的这些考点作出准确判断。

3.4.2.5 采光设计和日照退距

各类常规教室和专业教室是教育类建筑的主体功能,要求必须南北向采光,考虑到教室数量往往很多,由各种教室打包形成的教室分区需要的采光面面积也会随之增加。所以在总平面设计阶段,既要避免新建建筑的教学分区处在南侧既有建筑的阴影影响范围内,也要防止新建建筑遮挡北侧教学建筑的正常采光,为了更准确地计算出日照间距,考生需要熟练掌握项目所在地的太阳高度角数据,一般来说就是目标院校所在地的太阳高度角。

对于每一间教室,设计者需要控制平面长宽比在2:1以内,同时利用教室长边采光,这样最有利于开展教学活动。书画活动以外的专业教室,采光要求可以放宽到短边采光,条件紧张时甚至可以面向东侧或西侧采光。

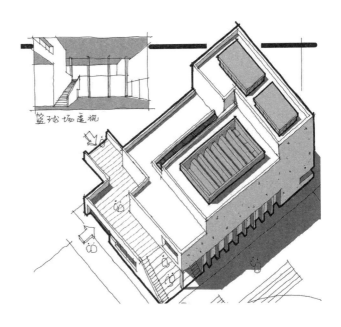

篮球场透视

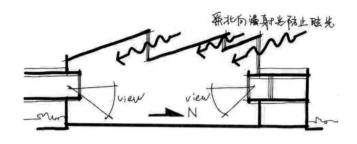

3.4.3 考察趋势与深化策略

面积庞大的封闭式校园、住区对于城市路网而言无疑是一种阻碍，冗长的边界上只有寥寥几个开口，而且不对所有市民开放，大大增加了封闭界面外侧的交通压力。校园规划和住区规划对边界处空间的利用也比较消极，进一步撕裂了与城市内部的关系。尽管当下全球范围内疫情横行，但是封闭社区和校园开放边界，与城市空间融合是大势所趋。老八校近几年的任务书中对这个话题有不少的探讨，往往选取一块位于校园边界或社区边界的用地红线，要求新建建筑本身扮演边界的角色，在满足管理要求的前提下逐步向城市打开。此时考生可以把建筑理解成具有厚度、功能的空间和边界的组成部分，以此作为自己的设计策略。

教育类建筑的使用者构成也很有特点。普通的公共建筑的使用者要么是单一类型的人群，要么是几类人的组合，但具体的组合模式在看到任务书之前都是无迹可寻的。而教育类建筑不论规模大小，它服务的人群都可以归类为学生和教师两类人，这两类人的关系也是考生在日常生活中接触较多的。在快题考察中，设计者可以突破传统的师生关系，探讨新型的教育理念并最终反映到空间中，比如利用剖面空间在学生和教师之间建立更积极的视线关系，而非像传统教育类建筑中，把两者人彻底隔绝。这种从人际关系和底层功能入手的设计策略，能保证方案是一个整体。

3.4.4 举一反三方案图纸

3.4.4.1 同济大学2016年初试试题——大学生活动中心设计

任务书

在某个学校园内露天停车场的基地上，加建一个总建筑面积不超过2200m²的学生活动中心（面积包含覆盖的停车场部分）。

一、设计背景

基地位于江南地区，地势平坦，无明显高差变化，基地在有围墙为围合的封闭校园内，基地周围环境及具体尺寸详见地形图。

二、设计要求

1. 多功能活动室150m²，作为学生社会团会议、活动、研讨用，房间内最好不设柱子；

2. 社团活动室6间，共300m²，每间50m²；

3. 展览空间200m²，设计成开敞或者封闭空间均可；

4. 咖啡厅200m²，要求便于对外服务，在校内有一定的展示面，设计时需要对室内平面进行简单布置；

5. 文具店兼书店150m²，希望最好布置在低处，设计时需要对室内平面简单布置；

6. 卫生间及其他功能设计者自行决定；

7. 停车场原有22个车位，新建建筑建成后不少于18个；

8. 总建筑面积控制在2200m²以内（包括底层被覆盖的停车场面积）。

三、规划要求

建筑限高15m，建筑不得超过建筑控制线，考虑到校园道路的规划要求，停车场出入口以及车位布局不应有太大变动，设计者可以对建筑控制线外的绿化进行调整，适应行人进入建筑的要求。

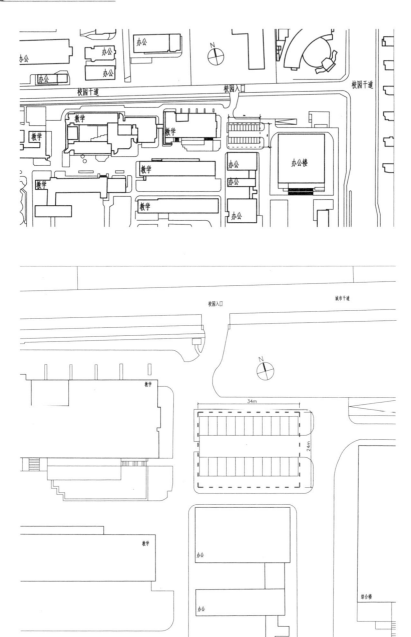

方案一

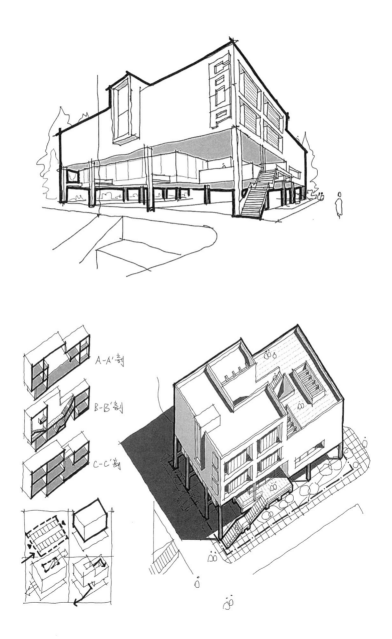

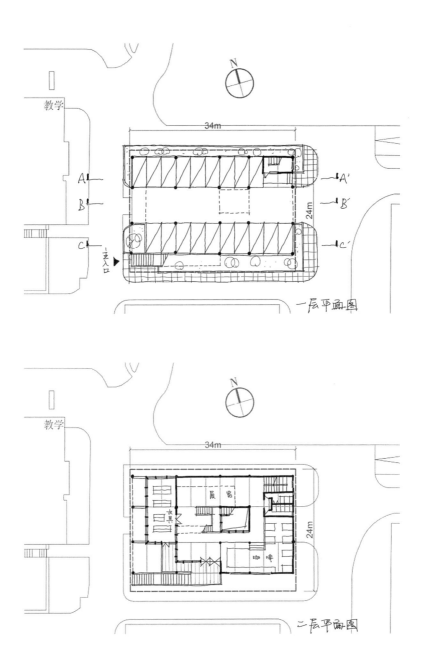

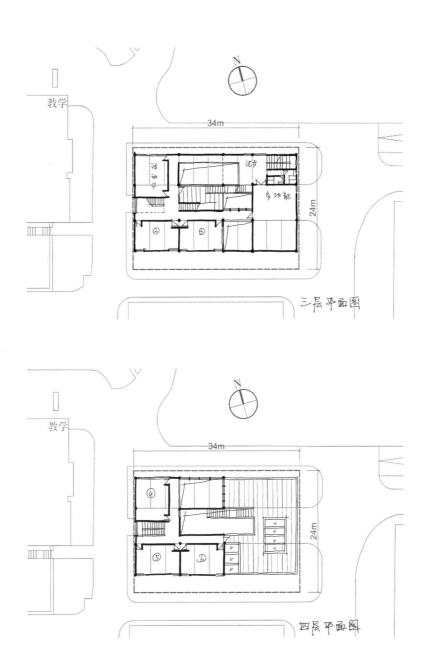

三层平面图

四层平面图

策略分析

- 综合分析人流来向和主要景观的位置，考虑到三段式，选取回形为本方案的基本型；

- 以减法为主要造型手段，回字形建筑，中间中空。并通过减法，设置平台，形成两个体量上下的咬合感，使得从底层到高层流线贯通。中空的部分，也为昏暗的底层停车空间撒入了光；

- 建筑形体分别回应红线内的人行流线和周边校园建筑要素，同时轴测中的平台、窗洞口都能对应到平面中的主要功能；

- 在建筑的西南角，回应同济的C楼。考虑到学生在西侧的教学楼和大学生活动中心来回穿梭，设置两者的联系。C楼的下层广场的楼梯与新建筑的楼梯相呼应，有力地过渡。采用"下虚上实"的形式，体量的内缩和玻璃的材质形成"漂浮感"，引导人流。

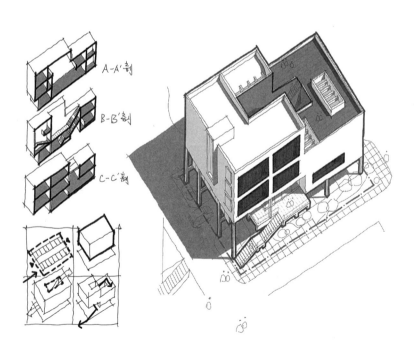

平面分析

- 平面功能分区，次要功能和对采光要求不高的功能不占据主要景观面和优质采光面；首层平面图主要考虑人流的引导，设置景观楼梯、消防楼梯；将活动室进行上下分层打包；

- 二层平面图主要设置文具店和咖啡厅，并结合景观楼梯设置展厅；

- 三层平面图主要设置活动室和多功能厅，并结合一层的展厅设置中空部分；

- 四层平面图主要设置剩余的活动室和户外平台，并使其户外景观流线完整流畅。

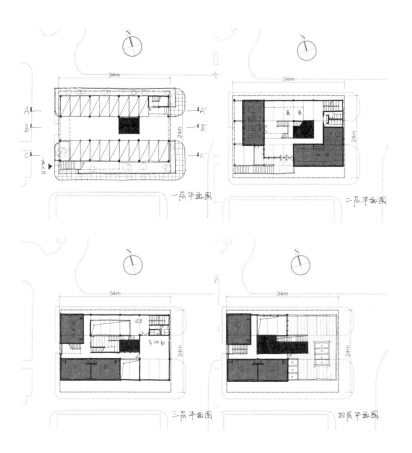

方案二

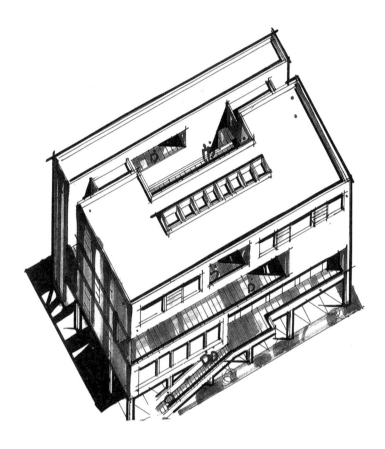

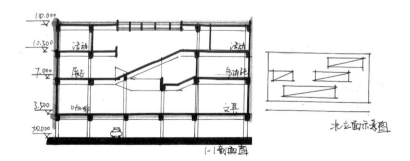

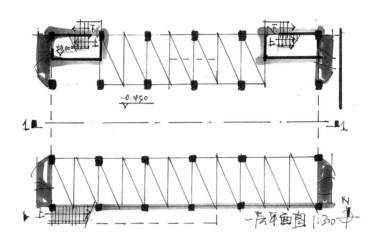

±0.000

-0.450

一层平面图 1:300

N

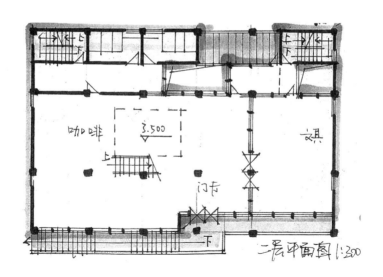

咖啡

3.500

上

门卡

家具

下

二层平面图 1:300

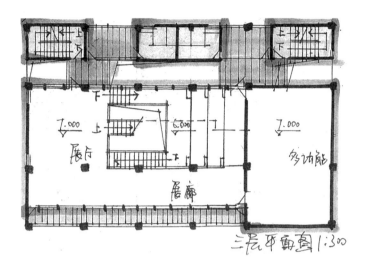

三层平面图1:300

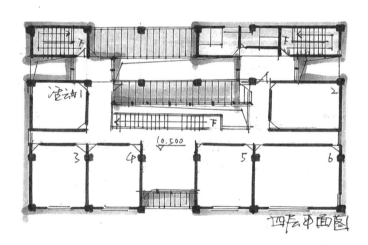

四层平面图

总体关系

通过主辅空间的划分给予主要功能更大的空间自由度，两个功能体块通过连廊及平台进行联系，一宽一窄组合形成对比。

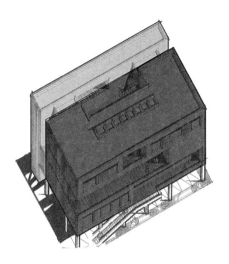

空间关系

局部减法的操作塑造了整体的空间关系特点，上方新功能与下方原功能错位形成空间变化，并产生缝隙空间满足通风及采光。

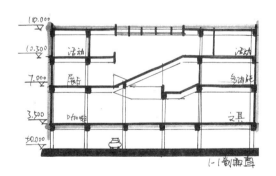

平面组织

辅助功能在满足疏散楼梯及卫生间设置的同时，增加了多个室外平台，并在不同层高进行变化形成立面变化。主要功能区塑造变化的核心交通空间组织竖向功能。

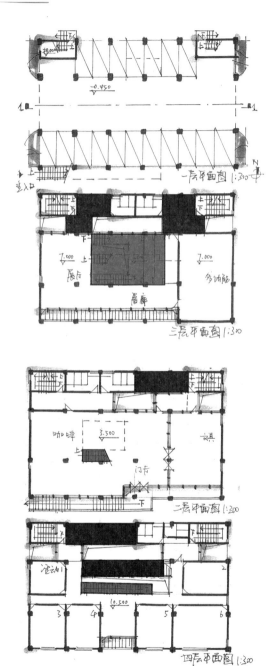

方案三

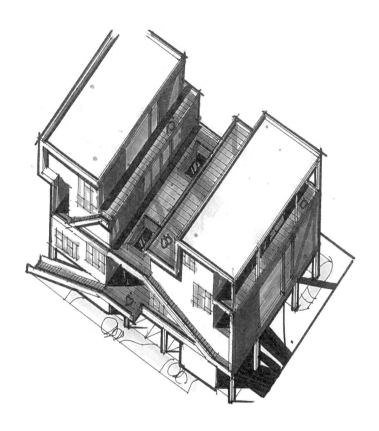

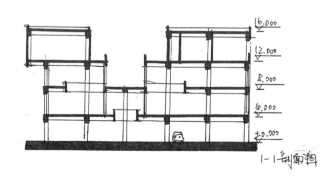

1-1剖面图

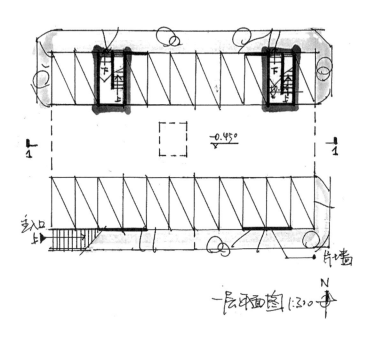

一层平面图 1:300 N

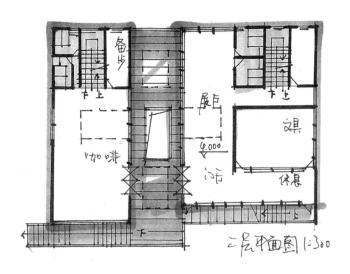

二层平面图 1:300

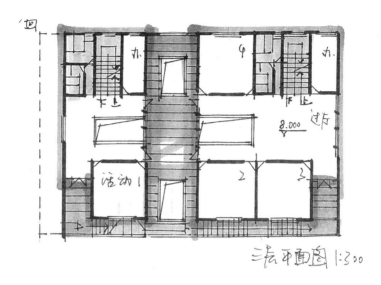

三层平面图1:300

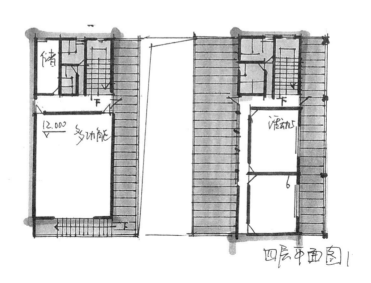

四层平面图1

总体关系

通过折板造型划分竖向空间，建筑形象完整但空间丰富多变，一条"分水岭"为新旧功能划分创造了不同的空间。

空间关系

折板"下空间"为停车场旧功能提供了高低错动的停车空间，折板"上空间"为活动中心创造了错动变化的交流共享空间。虽是划分，实则整合新旧功能融入完整的建筑形象。

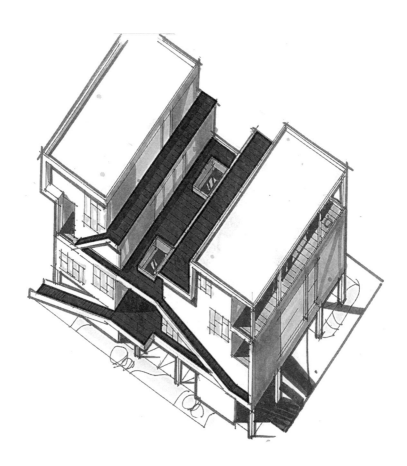

平面组织

平面功能结合不同层室外平台大小及位置的变化进行灵活调整，室外楼梯化身立面造型元素满足不同流线的使用需求。

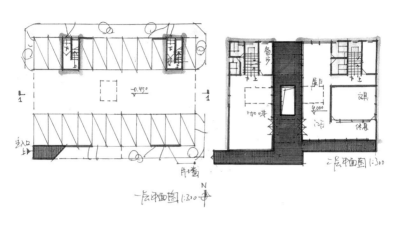

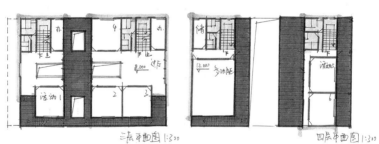

方案四

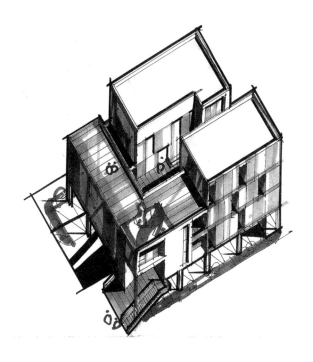

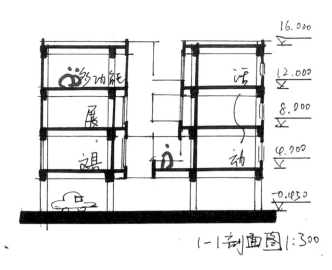

1—1剖面图1:300

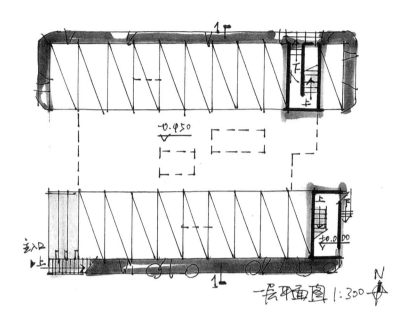

一层平面图 1:300

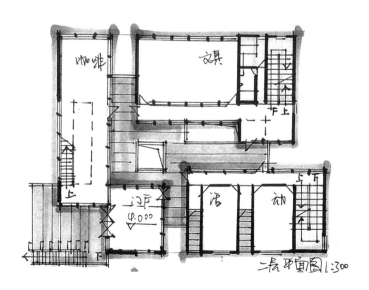

二层平面图 1:300

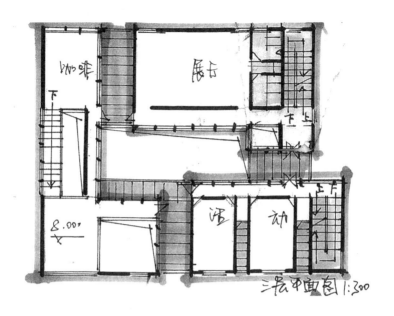

咖啡

展厅

下

下 上

8.000

活

动

上 下

三层平面图 1:300

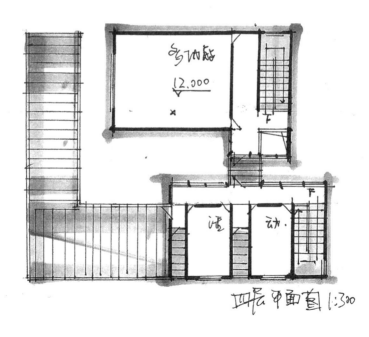

多功能

12.000

下

下

活

动

下

四层平面图 1:300

总体关系

通过三个体量的高低变化形成丰富的形体组织关系，图底关系又突出新老元素的共存，通过车位的"显隐"变化，让原本割裂的新老关系重新"链接"为一个整体，呈现出对于新旧功能关系的思考。

空间关系

多形体组织的空间关系让原本局促的场地变得有"呼吸感"，在满足大学生交流共享空间的功能需求之外，创造更加丰富多变的环境。

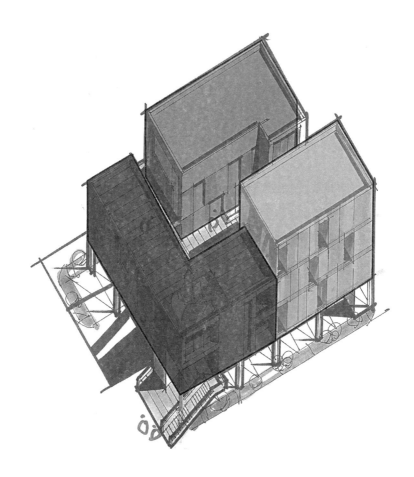

平面组织

　　将复合功能打散重组，通过形体间的室外平台进行组织联系，为大学生活动中心提供充足的交流空间，同时各个功能之间又能独立运行，满足不同功能的使用需求。

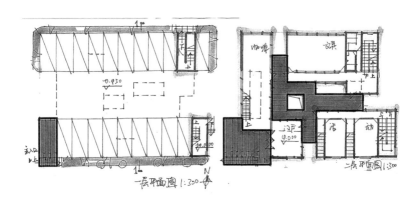

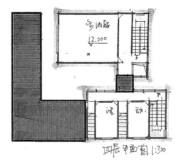

3.4.4.2 同济大学2017年初试试题——中学音体楼设计

任务书

一、设计任务

上海某中学校园内将加建一栋音体楼,建筑共2层,总面积控制在2200m²以内,限高15m。基地建筑不得超越建筑红线(与周边建筑的立体连接不受此限制),并结合校园周围建筑与环境进行相应的场地设计。

二、基地状况

设计基地位于校园北部的平地上,西侧与学生食堂毗邻,南侧面向户外体育活动场地。基地具体尺寸及周围校园环境见"地形图"。

三、任务要求

1. 风雨操场:同时布置1个篮球场与2个羽毛球场及周边边界,风雨操场净高9m以上;

2. 音乐教室:100m²×3间;乒乓室:100m²×1间;舞蹈室:150m²×1间;健身房:150m²×1间;设备器材室共180m²(可以划分成5个左右的小房间);

3. 教师办公室:35m²×3间;

4. 必要的门厅、卫生间与更衣室,面积自定。

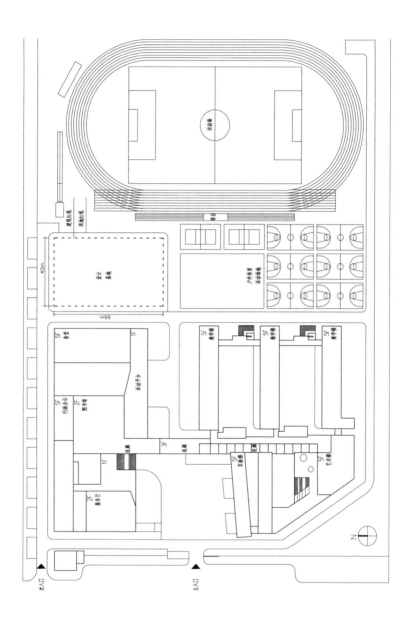

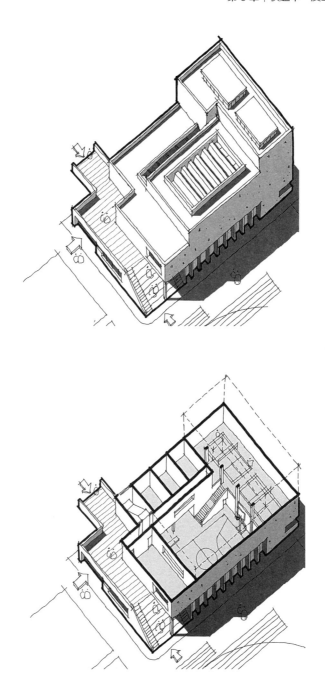

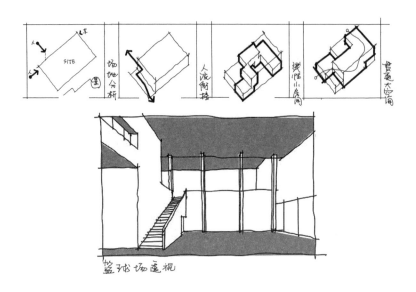

篮球场透视

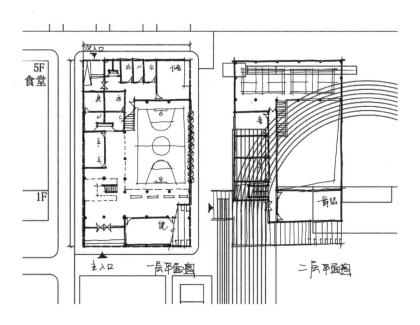

一层平面图　　　二层平面图

设计策略

■ 综合分析人流来向和主要景观的位置，选取C形为本方案的基本体量；

■ 用C形向北置后，使得南向留出平台，并应对东面的操场前往食堂、去打篮球和去借球的人流。最后，用平台和通高空间创造连贯且开敞的室内室外空间。

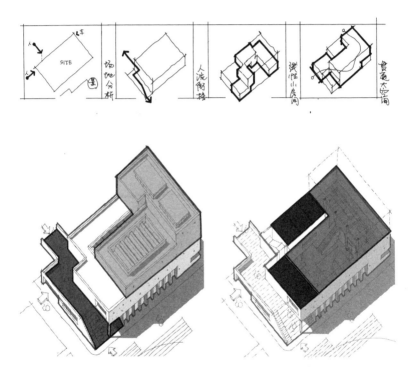

平面布局

■ 平面功能分区，将辅助空间放置北向；

■ 将大空间（羽毛球×2，篮球×1）放在北向，并利用大空间9m的层高进行通高和设置直跑楼梯引导人流。

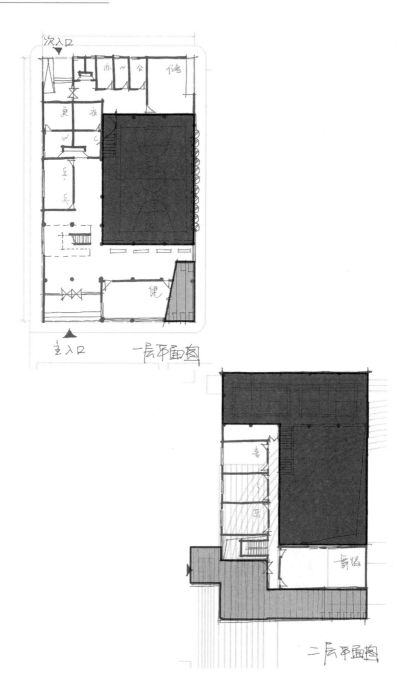

次入口

主入口　　　　一层平面图

二层平面图

3.4.4.3 东南大学2015年复试试题——校园健身中心设计

任务书

某高校拟在宿舍区建设健身中心一座，建设用地3250m²，如附图所示：宿舍区主入口位于东侧城市主干道，次入口位于北侧城市次干道，用地三面环绕宿舍区内部道路。

一、设计要求

1. 健身中心建筑布局应考虑与宿舍区室外篮球场、足球场的整体空间关系，场地中现有大树2棵，应结合设计予以保留；

2. 建筑应至少设置两个入口，主入口要求比邻宿舍区主要道路，设入口广场，方便进出；另一个为机械库房入口，相对隐蔽，库房入口外设置不小于100m²的后场卸货区；

3. 根据宿舍区内部道路交通状况，在用地红线内合适的位置设置地面临时停车场地（不少于6个机动车位），停车场地应靠近主入口；

4. 健身中心主体建筑不超过24m高，其中室内篮球场净高≥7m，应选择适宜的结构形式以满足室内体育活动的高度、跨度要求，同时要求采用合理的采光方式，谨防眩光；

5. 按照疏散要求合理布置楼梯间，设电梯一部。

二、具体面积指标，总建筑面积：2500m²（±10%）

男、女更衣室各20m²，男、女淋浴间各20m²；室内篮球场640m²（场地尺寸28m×15m，净高≥7m，边界至障碍物≥2m）；器械库房100m²（要求与室内篮球场紧密联系）；大健身房180m²，小健身房60m²×3间；办公室20m²×4间；值班室20m²；男、女卫生间，门厅，休息等候区，接待台，设备用房等按照要求配置。

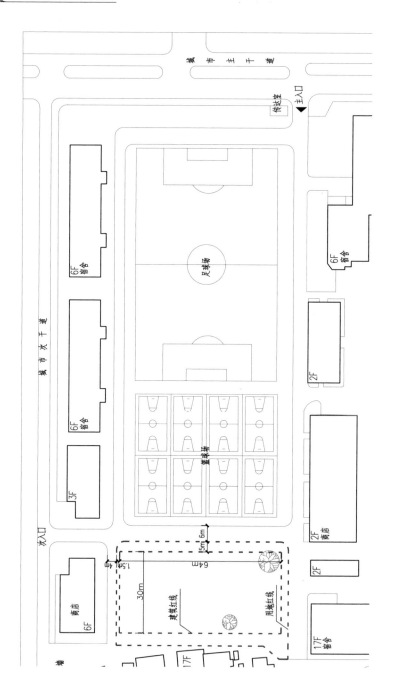

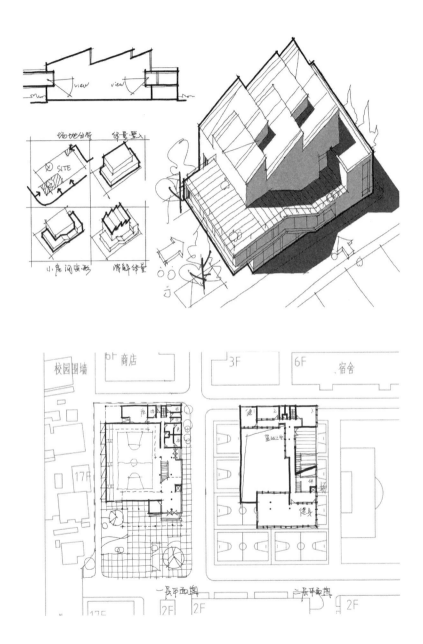

策略分析

■ 东侧存在室外运动空间，面向东侧塑造室外平台，既可以与室内球场建立联系，也可以与室外球场建立联系，同时在建筑的东侧塑造渗透性较强的界面，与室内外运动空间建立联系；

■ 将东南侧的平台进行抬升，一方面创造出入口灰空间，强调入口空间的引导性；一方面对屋顶平台进行深化。

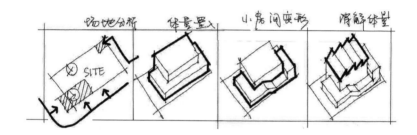

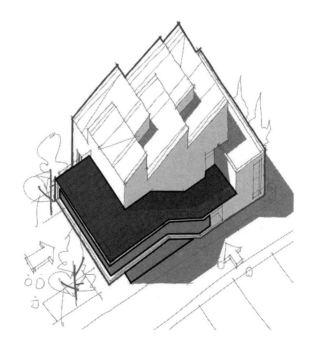

平面分析

■ 建筑主次入口分别设置题目中要求的广场，通过广场的位置以及尺度关系来反映主次入口的层级；

■ 小空间采用"单廊式"打包处理，与大空间形成咬合关系；

■ 采用垂直分区，将开放性较强的空间结合屋顶平台放置在二层，底层的灰空间，内部的健身功能，以及健身顶部的屋顶平台都是对"树"的回应；

■ 对于篮球场（核心空间）进行深化处理，从设计角度，结合二层开放空间局部突出平台，形成对篮球比赛的视看关系；从制图角度来看，对大空间内部的部分进行家具绘制，丰富整个平面关系；

■ 对二层空间的走廊部分进行深化，形成虚实对比，以及局部的宽窄变化，丰富整个二层的空间，同时将健身与篮球建立起联系，激发整个空间的活力。

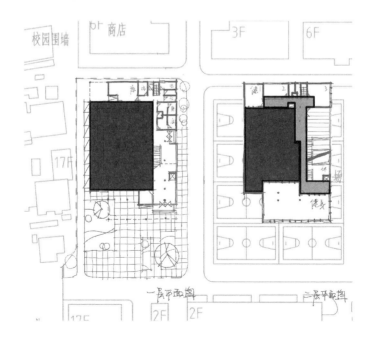

3.4.4.4 同济大学二年级课程设计题目——大学生活动中心设计任务书

设计内容

1. 建筑基地：基地位于同济大学校园内，情人坡与河道之间的场地内；（具体见附图）

2. 建筑高度：不超过东北角图书馆书库高度（10m），地面以下可下挖1.5m；

3. 结构形式：钢结构或现状木结构，以单元空间结构组成的当时。最大跨度不大于12m。设计须体现出清晰的结构关系，各功能空间应与结构形式恰当地结合在一起；

4. 建筑面积：总建筑面积900m^2。具体功能包括：

a. 多功能厅（舞厅、报告厅、放映室、会议、展览兼用）200m^2；b. 多功能厅附属音控室5m^2；c. 开放展厅100m^2；d. 社团互动式房间，每间15~30m^2，总面积150m^2，至少6间；e. 咖啡厅服务间兼小卖部15m^2；f. 管理室15m^2；g. 卫生间15m^2；h. 储藏室5m^2；i. 门厅、楼梯等公共空间、交通空间自定；

5. 建筑控制红线退界要求：建筑任何部分不得超出建筑红线建造；

6. 设计应充分考虑建筑与周围环境及场地关系、基地内较大的树木至少保留三棵。情人坡可根据需要增加开口或人行通道；

7. 设计应合理安排各层功能、结构、交通流线的组织，并与立面形态设计良好结合。

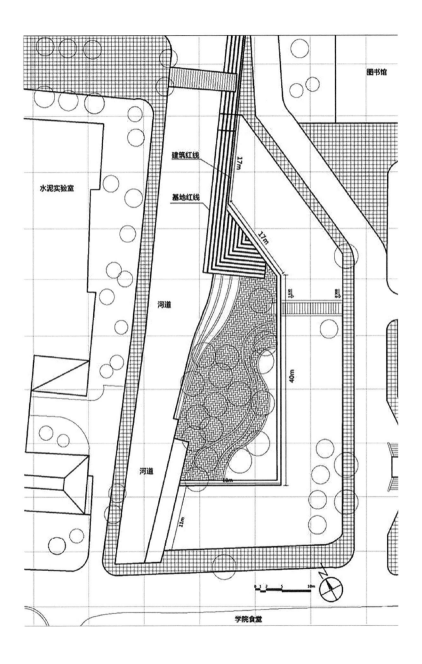

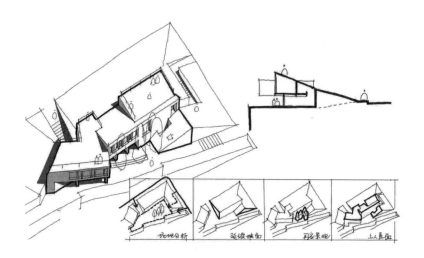

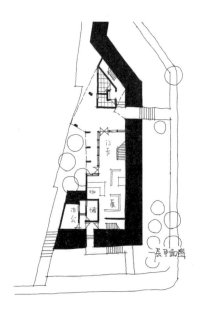

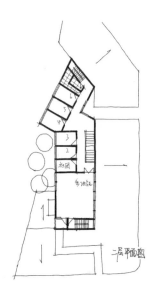

策略分析

■ 综合分析人流来向、主要景观位置以及场地地貌，新建建筑造型顺应坡地趋势，对原有的坡地进行延续；

■ 局部进行了体块穿插，主要功能呼应河道及保留树木景观；

■ 以原有坡地为基础延续而成的坡屋顶形成了天然的上人屋面，室外路径丰富且有变化，加强了对景观呼应的同时也保证了建筑对师生的开放性。

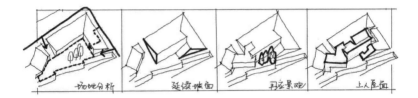

造型分析

■ 方案从造型出发，对坡地的延续为主要设计策略，造型体块灵活，此策略适用于对建筑面积要求较小的题目；

■ 方案呈现的体块错动造型巧妙围合场地的四棵保留树木，呼应红线内点状景观；

■ 屋顶平台垂直交通丰富，呼应湖面、树木景观的同时增加了场地开放性；

■ 一层门厅附近紧邻场地内景观的灰空间也为建筑使用者提供了良好的公共交流空间。

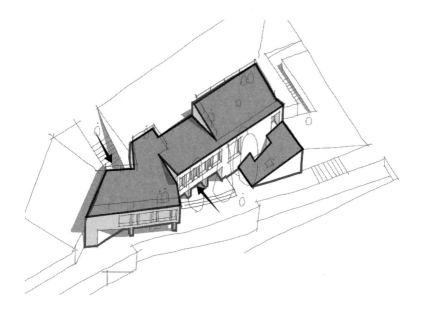

平面分析

- 门厅朝向树木及河道景观，空间质量较好。咖啡厅及展厅作为开放性较强的商业及展览空间紧邻门厅设置，社团活动室打包设置在二层，一、二层由空间楼梯连接；

- 辅助功能置于场地西南角，方案主辅分区明确，避免串流；

- 卫生间置于场地东北角，直接对外开放，为来往人流提供服务，不需要进入建筑内使用；

- 疏散楼梯置于南北两侧，疏散距离符合规定。

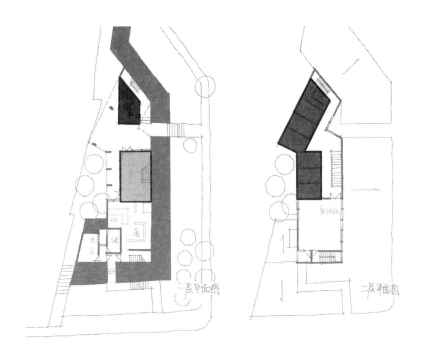

3.4.4.5 西安建筑科技大学2019年复试试题——高校学生活动中心设计

任务书

西北某高校拟在校园宿舍区内建设一座学生服务中心，用于完善配套服务功能，提供购物、健身、社团活动等用房。建设面积用地约2600m²，场地平整，用地尺寸见图。

一、主要功能用房及面积指标

1. 超市250m²（包括适量库房，库房面积设计者自定）；2. 咖啡、饮品、烘焙商店60m²；3. 24小时无人值守银行柜员机30m²；4. 健身房150m²（另设男女更衣、淋浴各45m²）；5. 快递服务网点100m²；6. 书籍、文具、音像、网络、通讯服务店60m²；7. 社团活动室60m²×4间；8. 校园公共卫生间（男卫4个蹲位、4个小便器；女卫6个蹲位；残疾人独立卫生间1个); 9. 必要的室外场地、楼电梯、走廊、共享空间等由设计者自定。

二、设计要求

1. 总建筑面积不得超过1500m^2，建筑层数2~3层；

2. 建筑布局和动线设计要照顾到周边现状，方便学生使用；

3. 设计要求要体现校园建筑的特色和氛围；

4. 根据需要适当布置室外场地或利用屋面做室外活动场地。

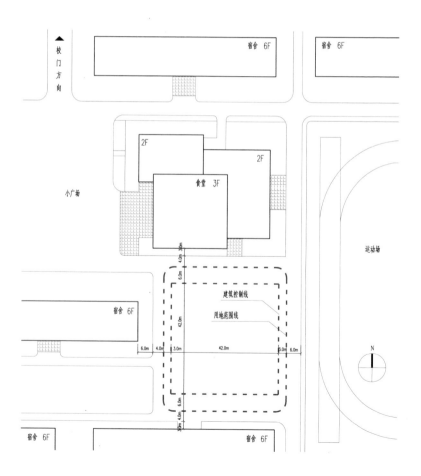

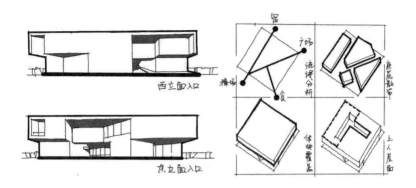

西立面入口

东立面入口

官

广场

操场

食

流线分析

底层散布

上人屋面

体块覆盖

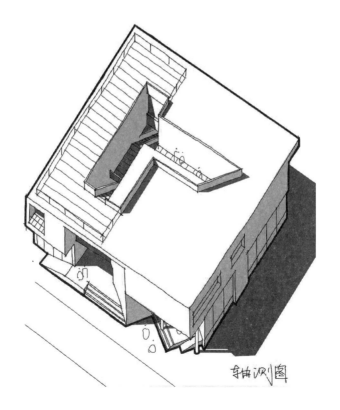

轴测图

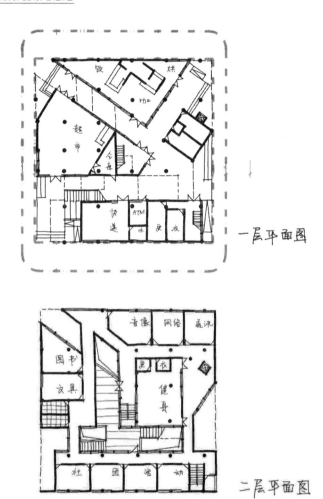

一层平面图

二层平面图

策略分析

■ 综合分析人流来向，场地周边建筑功能，场地人流来向复杂，新建建筑底层须满足各人流来向流线贯通，保持场地的可通行性及可达性；

■ 建筑一层呈现由各方向人流流线切割而成的分散体量。二层则由规则体量叠加，使建筑造型均衡。二层屋顶设置上人屋面，作为面对操场这一侧景观的回应。

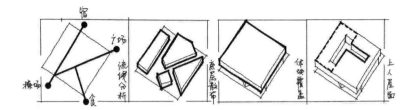

造型分析

- 东、西两侧人流相对密集，作为积极面立面造型丰富且引导性强；一层东侧入口的斜角体块与二层大体块塑造出建筑一、二层立面变化与秩序的对比；

- 中心的交通平台既集中解决了从一层到屋面平台的交通，同时也解决了二层健身房及走廊的采光问题，并丰富了造型；屋顶平台回应场地东侧运动场景观。

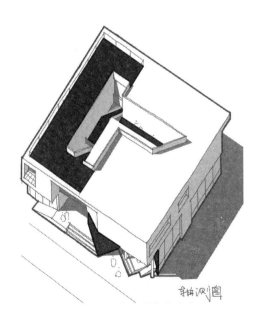

平面分析

- 一层平面由人流切分，场地四面可以穿行，各商业功能及快递站、24小时柜员机靠近人流密集处灵活设计，其中餐饮类置于场地北侧，与北侧既有食堂形成整体。公共卫生间设置在一层，方便周边人员使用。考虑运动场人员的更衣需求，一层东南角设置更衣室；

- 书籍、文具、音像、网络、通讯服务站、社团活动室统一设置在二层，占据南北两侧优质采光面。屋顶平台在可以从二层走廊进入的同时直接连通一层室外，室外流线丰富。

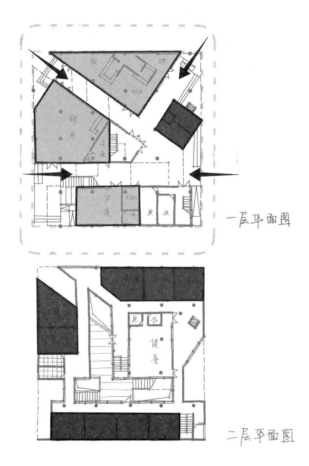

一层平面图

二层平面图

3.4.5 教育类建筑设计策略案例拆解

3.4.5.1 北京航天城学校

设计策略：1. 梯形基地；2. 院落式布局策略，"凹"形基本型，分散体量；3. 空出运动场地；4. 形体变换，中部场地或大台阶抬升或下沉，空间体验丰富。

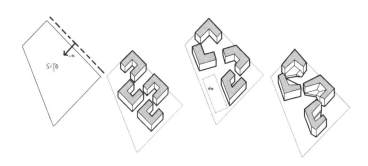

3.4.5.2 约克维尔北幼儿园

设计策略：1. 场地为规则场地，一侧为景观面；2. 根据幼儿园班级单元特征，采取盒子加平板的空间策略，室内外转换空间层次丰富；3. 面向景观面整体采取退台趋势，根据功能不同，盒子体积变化，局部减法、错动，丰富外廊空间；4. 坡屋顶，屋面与楼板通过大台阶整合。

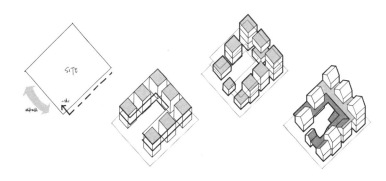

3.4.5.3 GR学院

设计策略：1. 不规则基地，主入口面向社区人流；2. 整体偏移。不规则部分用作绿化，停车入口广场；3. 内庭院解决采光；4. 满足功能需求的造型加减法，主入口架空，穿过庭院到达门厅。

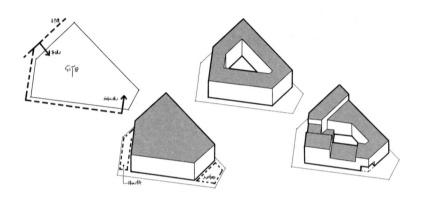

3.4.5.4 希伯来语新学院

设计策略：1. 不规则场地，一侧为弧线；2. 局部偏移，条形体量基本型，每个体量分别对应展览、学术、交流功能；3. 展览与学术功能体量交织，屋顶路径丰富，中部有空隙；4. 中部通高空间联系，塑造交流空间。

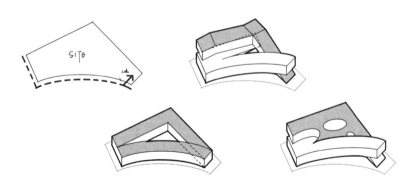

3.4.5.5 明庭乡土自然学校

设计策略：1. 不规则场地，微高差，人流来自四方；2. 整体偏移，形成内院围合树；3. 架起平台应对高差，实体量划分为分散盒子，完整屋顶；4. 垂直交通连接屋顶，檐下虚空间营造。

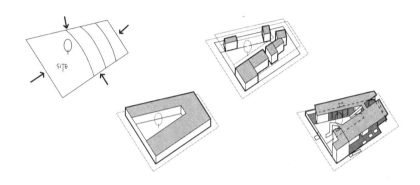

3.4.5.6 汉口万科城市展厅及幼儿园

设计策略：1. 建筑有功能转换的目的，应对来自小区内部居民和外部顾客的双重人流；2. 根据人流来向，确定C形基本型，预留幼儿园活动场地；3. 转角减法，作为入口、平台，当形体为长条时，为了交通，采光，局部需要断开，C形端部为常用断开部位；4. 屋面起伏，结合功能，窗口的升起结合了内部交通。

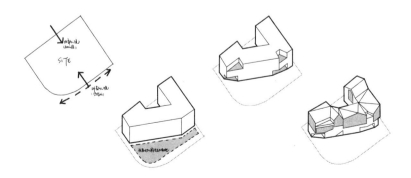

3.5 改造类建筑

同济大学2007年复试试题——教学楼加建设计

东南大学2021年初试试题——社区活动中心设计

同济大学2021年初试试题——书画艺术交流中心设计

东南大学2018年复试试题——校园教学楼加建设计

华南理工大学2022年初试试题——南方某高新园区创新中心设计

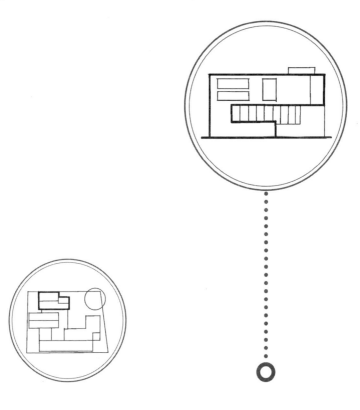

3.5.1 服务人群与功能定位

改造类建筑是城市发展从"增量开发"阶段步入"存量更新"阶段的具体体现。随着城市化率的提高，农村人口涌入城市的速率也有所放缓，在根本上限制了各个新城向外扩张的动力，这样的大背景在快题考察中往往表现为场地环境的改变。如果说"增量开发"阶段的用地都是新开辟的平平整整的空地，那"存量更新"阶段考生需要面对的就是已经被"开发"过的城市环境，用地红线内外的道路体系、公共空间、绿化景观、文脉轴线都已经比较成熟，设计者的工作首先是挖掘用地周围的这些特质并在新建建筑中体现，而不是凭空创造新的秩序。在诸多场地条件中，既有建筑是其中最为常见的一类，也就引出了本章讨论的改造类建筑。

改造类建筑是根据城市发展和大众生活的需求，通过对既有建筑进行改建、扩建、加建，使不同类型既有建筑物的功能、体量、结构及使用性能等方面发生变更，以合理化建筑物的使用状况、延长建筑生命周期、提高环境质量。改造过程中要避免对既有建筑的破坏性改造，强调建筑物质基础的持续利用，同时要体现对既有建筑历史和文化的尊重以及对地域文化属性的呈现。经改造设计后，其建筑既可以延续原有使用功能，也可以转变为新的单一或混合用途。既有建筑是设计条件，改造是设计出发点，都不涉及建筑的功能类型。

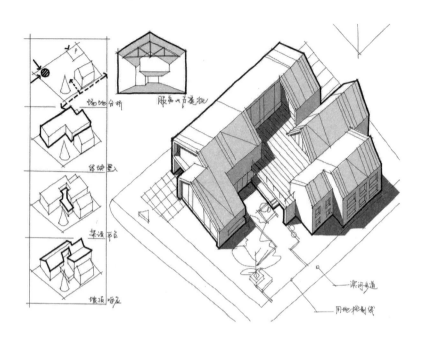

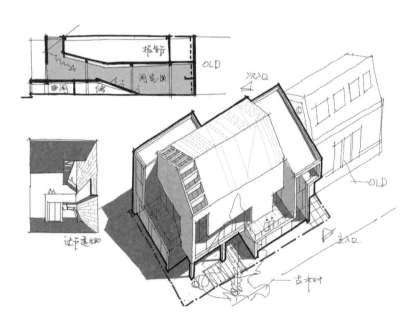

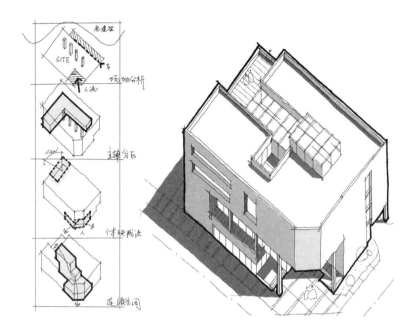

3.5.2 常见房间与考点难点

3.5.2.1 常见房间要求

既然改造类建筑不是从功能类型的角度限制考生解题的思路，也就不存在和改造类建筑牢牢绑定的房间功能，除个别对无柱大空间要求较高的建筑外，其余所有类型的建筑都有可能以改造建筑的形式出现，这要求考生熟练掌握各种建筑类型基本的使用要求。

大部分改造类的任务书都要求利用既有建筑的室内空间，选择什么功能置入是有讲究的。首先要明确既有建筑在绝大多数情况下都是要积极回应的考点，主要考点由主要功能、主要空间回应，所以供建筑维护者使用的辅助分区一般不会设置在既有建筑中，其他的主要功能，特别是对景观有一定要求的，更适合结合既有建筑进行设计。

除了主辅区别以外，空间型的功能相比房间型功能也更契合既有建筑。空间型的功能更在意使用面积、所处位置、空间效果，对平面形状和围合程度要求不高，常见的有展厅、阅览室、茶室、简餐、商店等。其中的简餐和普通餐厅稍有不同，任务书中餐厅和厨房往往同时出现并要求联系紧密，考虑到厨房的油烟会侵蚀构件表面，所以餐厨不宜放在既有建筑中。而简餐不需要厨房，是餐厅中的特例。

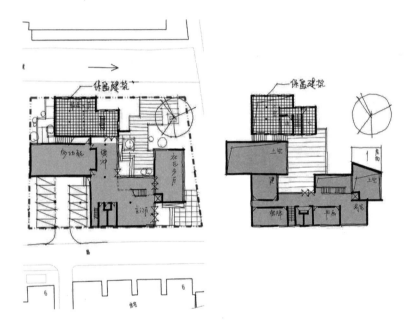

3.5.2.2 新老结构退距

结构退距是快题考察常见退距的一种，另外两种是日照退距和防火退距。结构退距在平面图中的具体表现是新建体量的承重柱距离既有建筑的承重构件（柱子、墙体）保持1m以上的距离，原因是承重柱在地下部分有扩大的柱础，实际影响范围比平面图中表示的大了一圈。1m只是最小值，设计者可以根据需要让新老建筑之间的结构相距1~4m（其中4m是钢筋混凝土框架体系较为经济的悬挑长度），相距2m可以作为过道，相距3m可以布置辅助功能，相距4m可以放下普通房间，相距任何距离都能作为营造通高空间。

上文采取的姿态最为保守，但有些任务书中明确表示原有的结构经过了修复或是满足改造后的荷载，设计者就需要保留和利用既有结构开展设计，此时需要注意既有结构的柱跨，避免和要求的面积有太大的出入。

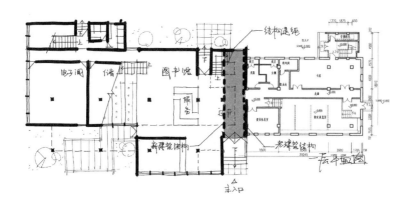

3.5.2.3 现代化转译

在处理改造类建筑的造型时，有两种态度不可取。第一种是完全无视既有建筑，新老建筑在视觉上毫无关系，反映了设计者考点意识薄弱；第二种则是原样照搬既有建筑的形式，叫人分不清哪部分是新建的哪部分是原有的。理想的应对策略要贯彻"与古为新"的原则，造型既要体现新老部分的共同点，例如坡屋顶、立面分割的秩序、被打散的体量、建筑高度等，也要明确区分新老体量。

现代化转译的考点几乎是改造类建筑的文中应有之义，除非只在既有建筑室内布置功能。任务书直白地要求新建部分充分考虑与基地周边及既有建筑的风貌和比例协调，又或是仅仅提供既有建筑的立面图信息，无论哪种，都要注意用新建建筑的造型回应既有建筑。

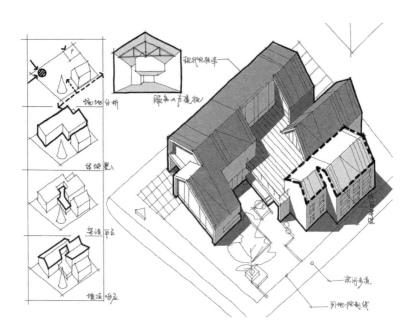

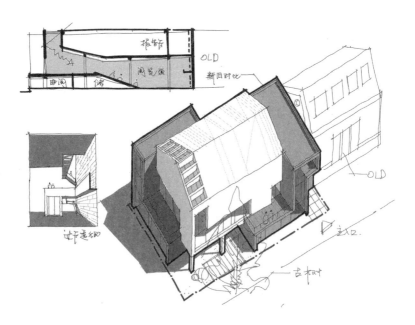

3.5.2.4 消防与疏散

既有建筑处于建筑控制线内或有一条边与用地控制线贴临时，任务书会说明是否统一考虑新老建筑的消防疏散等问题（或是形成一栋整体建筑），考生须根据具体条件决定疏散楼梯的数量、新旧体量的距离等，切勿自说自话。

3.5.3 考察趋势与深化策略

改造类建筑盛行的原因已经在第一部分详细阐述过，只要经济结构没有剧变，在可预见的未来改造类建筑还会是考察的热点，甚至更进一步，褪去"热点"的外衣成为设计中的常规考点。有历史保护价值的用地是越做越少的，改造类任务书中会越来越多地出现对普通既有建筑的回应，它们的立面信息可能比较模糊，空间也没什么特点，设计者可以适当调整设计的重点，关注对空间的利用。

当任务书要求把新老建筑作为整体来考虑消防和疏散时，隐含的信息是主要交通的组织也要一起考虑，其中最重要的便是主门厅的位置。门厅空间作为室内主要交通的起点，担负着组织人流前往各功能分区的职能。如果要保证各个功能分区到达的均好性，主门厅最好设置在整个建筑的中部位置，体现在改造类建筑中，往往就是新老体量之间的部分。而且主门厅属于交通空间，在造型处理时可以强调为透明的玻璃体量，这就在新老建筑之间营造了另一种层次的空间：对于既有建筑而言是"室外"，对于城市空间而言却是"室内"。

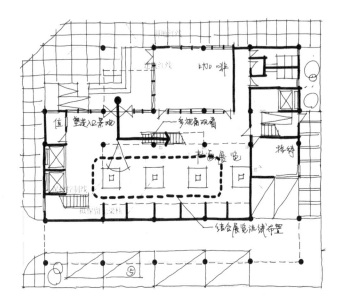

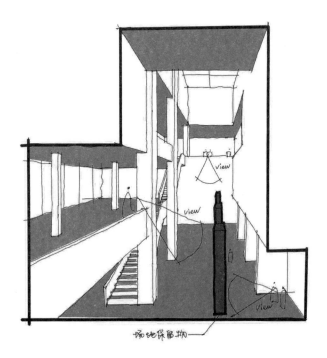

3.5.4 举一反三方案图纸

3.5.4.1 同济大学2007年复试试题——教学楼加建设计

任务书

一、设计背景

基地位于上海市陆家浜路，跨龙路口中学校园内，A幢建筑为上海市历史保护建筑，该基地属于历史风貌保护区方位，拟建1100m²的教学综合楼，与D幢保留建筑连接形成一幢整体建筑。

二、任务描述

1. D幢建筑为保留建筑，檐口标高为10.2m，屋脊高度为13.7m（室外地坪标高为-0.30m，底层标高为±0.00m）要求新建教学综合楼充分考虑与D幢建筑的风貌及比例协调，建筑高度不超过13.7m。图中标示的古树必须保留；

2. 考虑新建部分各功能用房层高要求及各层与D幢保留建筑各层的标高关系，建成后两者合二为一，统一考虑消防疏散等问题；

3. 机动车及非机动停车在校园内统一考虑，本题目不再予以考虑；

4. 建筑布局应考虑与校园内统一考虑，本题目不再予以考虑；

5. 建筑主要功能面积组织组成（均为使用面积）：

（1）图书阅览室600m²，包括借阅区、服务台、电子阅览区、寄包处等；

（2）190座阶梯报告厅300m²；

（3）门厅及楼梯间等（由设计者定）。

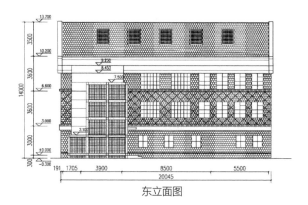

东立面图

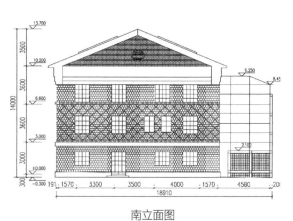

南立面图

拟建建筑位置

西立面图

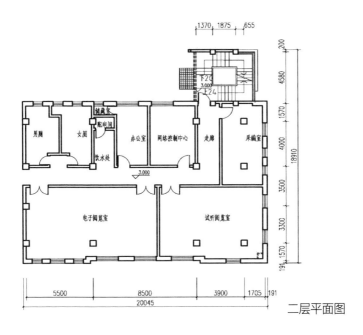

二层平面图

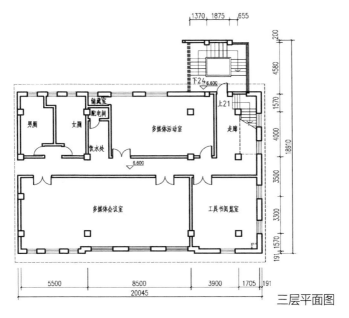

三层平面图

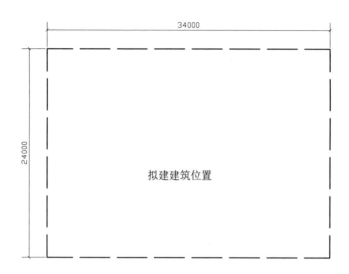

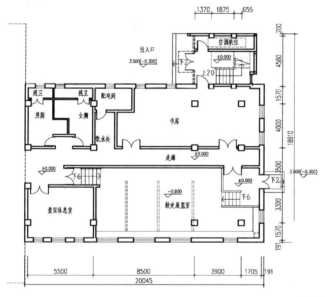

一层平面图

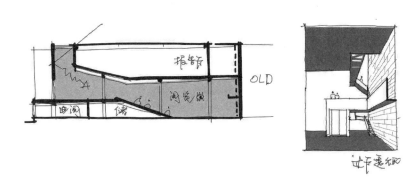

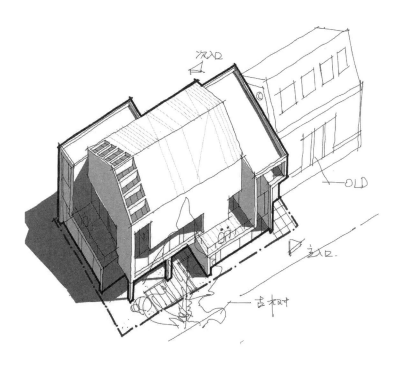

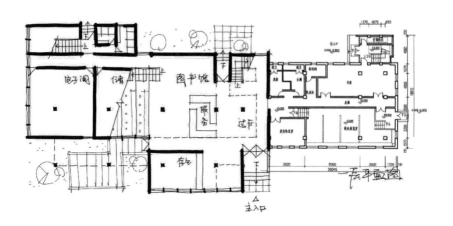

一层平面图

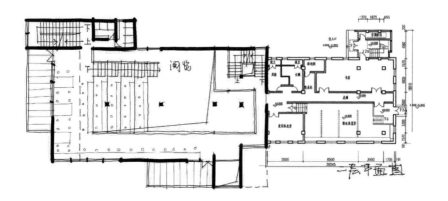

二层平面图

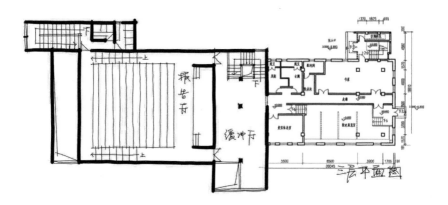

三层平面图

设计策略

- 综合分析人流来向和主要景观的位置，选取长方形和2个L形为本方案的基本体量；

- 选用长方型为主要使用体量，并用其回应老建筑的坡屋顶和立面形式；

- 选取两个L型应对北向校园入口和西面草地和古树景观，并用平台和玻璃来处理咬合；

- 采用一定程度的架空来应对古树和入口灰空间；

- 对于建筑内部，用两个斜向空间（报告厅的抬升和图书阶梯阅读的抬升）应对朝向老建筑的景观面。

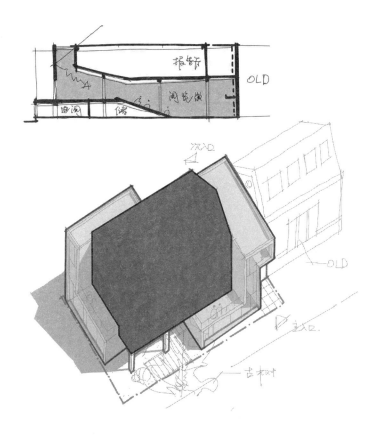

平面布局

- 平面功能分区，将使用空间放置适当远离主要老建筑界面，留有一定的视看距离，且老建筑与新建筑的结构须有不小于1m的脱离，其中可采用楼梯、门厅休息厅等作为中间的连接体；

- 老建筑是本次设计的主要营造视觉观看点。本次设计采用连续的斜向空间设计，一个为图书的阶梯式抬升，一个为报告厅的观演座位抬升，形成间隔却视觉连贯的空间体验，简单却回应得非常利落。

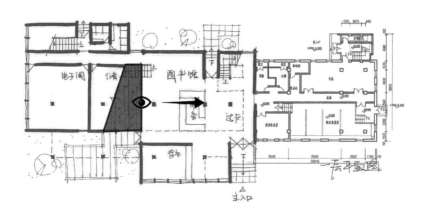

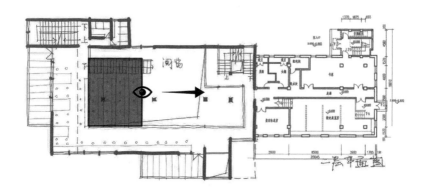

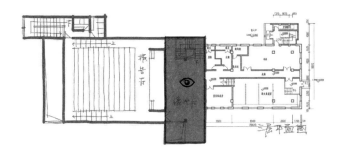

3.5.4.2 东南大学2021年初试试题——社区活动中心设计

任务书

一、简答题

当下，中国城市由增量发展转为存量发展，大拆大建，盲目扩张现象，逐渐被城市修复、生态修补的理念所取代。在此背景下，建筑设计学科应如何做出相应调整，成为学术界热点问题。请结合对此的观察、认识和思考，列举城市更新中，建筑设计应加以重视的三个代表性观点和理念，并加以阐述。写在A1图纸的左上角，不超过300字。

二、建筑设计

请结合自己提出的三个代表性观点和理念，完成以下设计，包括概念、生成过程和最终成果，以形成方案特点。

基地位于南方某城市中心建成区，内有一栋保留建筑和一棵保留树木。该基地面临环境差、基础设施服务不足等问题，政府打算对其进行改造更新，设计一个社区活动中心，为周边社区提供生活服务配套设施。（详见附图）建筑面积1000m² （±10%，不含保留建筑的面积），可联系保留建筑。

主要功能如下：

1. 社区服务（250m²）

社区服务一体式大厅150m²

社区餐厅50m²

办公室25m² × 2间

2. 活动用房（350m²）

多功能厅150m²，高6m

书画室50m²

阅览室50m²

棋牌室50m²

健身房50m²

3. 公共厕所，须满足无障碍设计50m²

4. 机动车停车位10个

5. 社区口袋公园

6. 其他功能根据方案设计做概念策划

如图保留建筑的平面和剖面，保持保留建筑的主题结构不变，可赋予其功能，须结合环境完成空间设计。立面可自行设计。保留建筑可与新建筑连接，面积不计入新建面积。

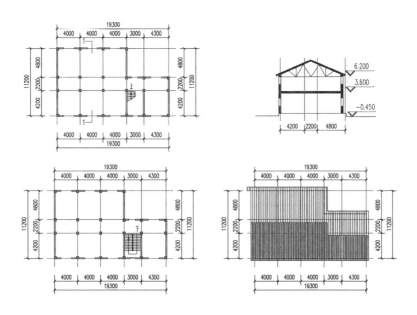

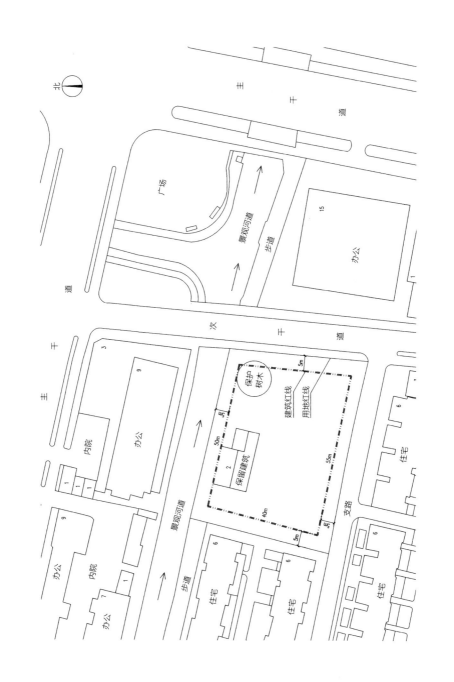

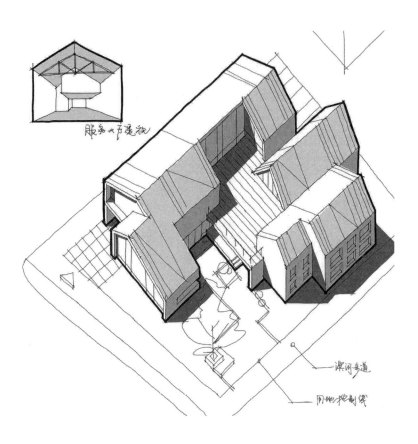

服务大厅透视

溪河步道

同物控制线

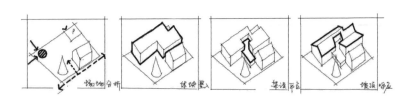

场地分析   体块置入   架速平台   坡顶呼应

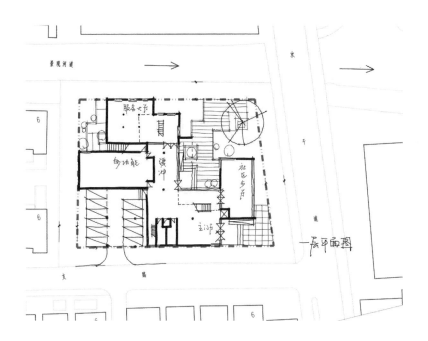

一层平面图

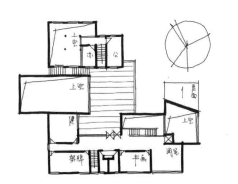

二层平面图

策略分析

- 综合分析人流来向和主要景观的位置，新建建筑形体结合保留建筑基本呈现以保留古树为核心的包围结构；

- 在生成基本体量后，于建筑面向主要景观要素的位置挖出室外平台，突出了平台的景观性，同时景观平台可以直接从室外上下，提高可达性；

- 在场地东南道路交叉角处使用推拉手法塑造出入口灰空间，同时入口形体与老建筑形成体块关系上的呼应；

- 建筑主要屋顶形态为双坡屋顶，在与保留建筑形成良好的连续性的同时，在总平面图上也与周边既有建筑形成了和谐的图底关系。

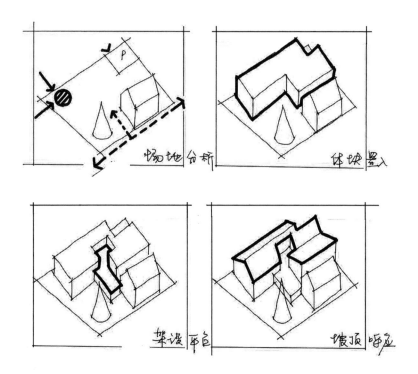

造型分析

- 平台、主要功能回应景观要素；

- 口袋公园活动平台回应场地东北角城市广场，其活动空间的造型与建筑平面手法统一；

- 保留建筑内局部设置二层楼板，其余为通高空间，办公室作为相对独立的使用空间在保留建筑中形成空间盒体，同时屋顶框架结构部分暴露，丰富内部空间视觉效果，最终塑造出亮点空间。

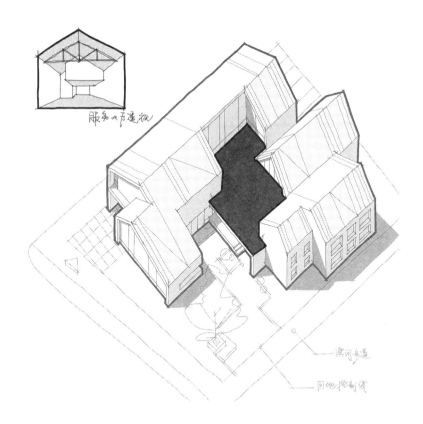

功能分析

- 平面功能分区，对采光要求不高的功能不占据主要景观面和优质采光面；

- 书画室、阅览室与棋牌室、健身房之间用楼梯间和厕所进行水平方向的动静分区；

- 办公室作为建筑中唯一的服务空间独立设置，同时紧邻交通空间，便于管理整幢建筑。

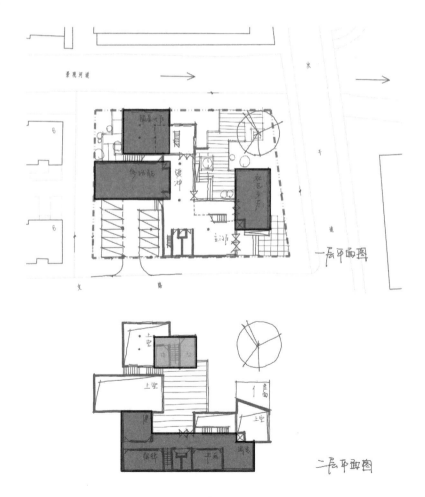

3.5.4.3 同济大学2021年初试试题——书画艺术交流中心设计

任务书

一、设计背景

在江南某大城市中心城区，拟设计一座书画艺术交流中心。设计用地位于城市道路交叉处，东、南侧临街底层为商业用途的老住宅（已经被艺术家改为工作室，周边建筑形式为里弄洋房风格），用地面积约为1350m²。该用地是一座宣纸生产车间旧址，建筑原为装饰艺术风格的无梁结构厂房，现今主体已经损坏，仅存有4个无楼板的混凝土柱，每个柱体高为4.5m（保护控制高度为6m），为了保留城市记忆，在设计中予以保护（保护控制线见用地平面图，控制线及高度以外空间可用于设计建造）。

二、功能及面积要求，总建筑面积2800m²（±10%），主要功能如下：

书画展览200m²；报告厅（高度不小于6m）240m²；大研讨室2×120m²=240m²；小研讨室6×30m²=180m²；书画教室100m²；咖啡/茶室4×40m²=240m²；开放式阅览室100m²；装裱车间120m²；藏品室120m²；材料仓库60m²；办公室4×30m²=120m²；卫生间（男女分设，另设一个残疾人卫生间）2×20m²=40m²；接待室40m²；值班室15m²；小汽车停车位不少于4个，其中1个无障碍车位，2个小货车停车位。

三、设计要求

1. 应考虑环境尺度以及建筑与外部空间的关系；2. 组织不同的人、货物流线，并与城市道路有效连接；3. 将拟保留的柱子所在空间纳入序列组织并予以充分利用；4. 须考虑必要的无障碍设计；5. 建筑高度不超过18m。

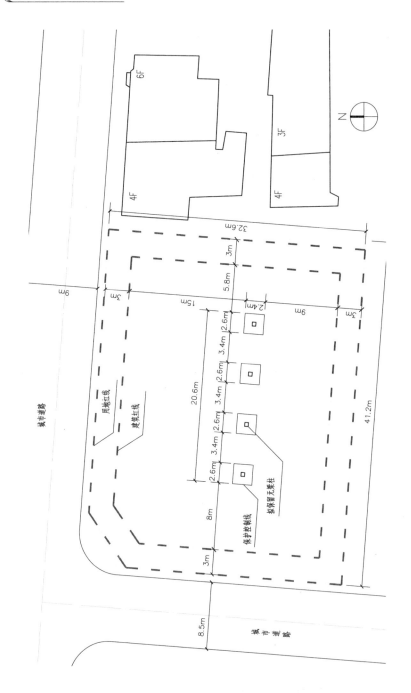

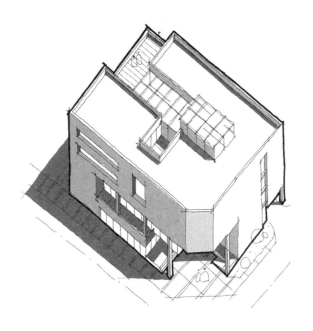

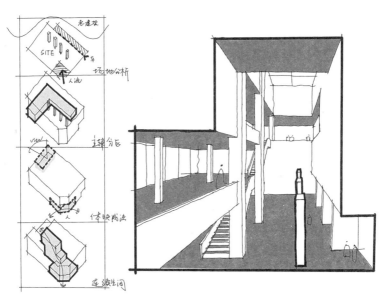

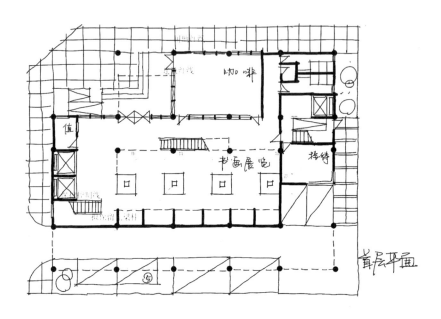

首层平面

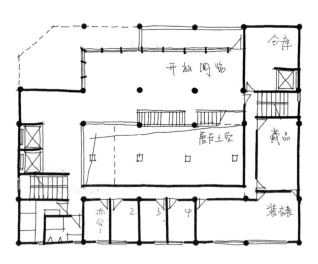

二层平面

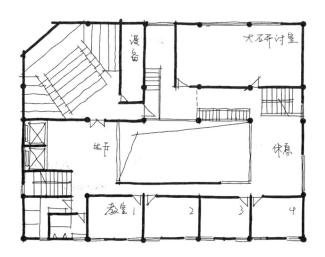

三层平面

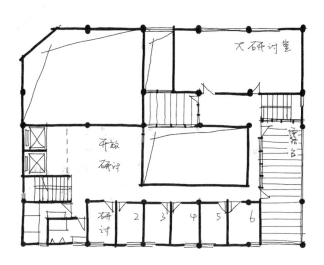

四层平面

策略分析

■ 首先对场地分流，人流朝向缺角方向，车流在城市支路上；

■ 第二步是主辅功能分区，辅助功能呈L形围合，作为四个保留柱子的 "背景墙"；

■ 第三步是对室外屋顶平台的设计，朝向东南的历史建筑；

■ 最后是对空间的整合，有针对性地保留柱子，视线有一定变化，采用 连续且有变化的空间序列。

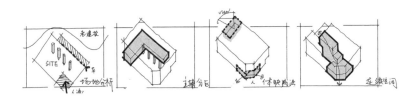

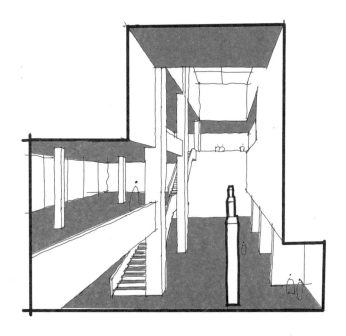

造型分析

- ■ 顶部采用平台，回应周边的保留建筑；

- ■ 用减法手段塑造沿街积极立面，并在局部设置室外活动平台；

- ■ 一层底部商业空间用幕墙作为材料，形成立面的虚实对比；

- ■ 主入口处利用迷你体块塑造灰空间。

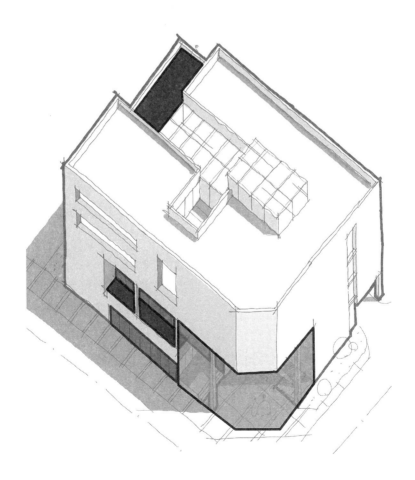

平面分析

■ 平面功能分区，辅助功能放在保留柱子后方，L形布局，作为背景墙；

■ 根据柱子的空间设置成连续的空间序列；

■ 针对入口"缺角形状"在底层设置斜向回应，并在顶部使用报告厅消解缺角空间；

■ 中间采用玻璃窗给四个保留柱子采光，并在中间层设置平台回应城市交叉口。

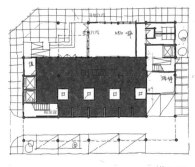

首层平面

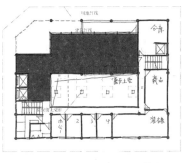

二层平面

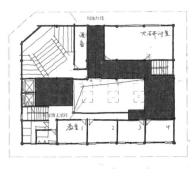

三层平面

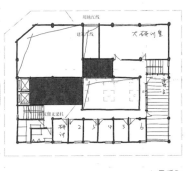

四层平面

3.5.4.4 东南大学2018年复试试题——校园教学楼加建设计

任务书

一、设计背景

某学校现校园南北侧各有一栋教学楼，其中北楼4层，南楼局部5层，第五层为教师用会议室。南北楼目前均无厕所，南北楼层高平均为3.6m，由于北楼有2m高基座，其各层比南楼对应各层高2m。教学楼加建场地见附图，设计须考虑南北侧教学楼联系，并完善和补充南北楼教学功能。

二、主要功能构成

1. 美术室（画室）：150m²

2. 美术教具室：30m²

3. 办公室（可分为3~4个）：200m²

4. 报告厅（室内净空高度不小于5.4m）：200m²

5. 报告厅辅助用房：30m²

6. 洗手间（同时满足南北楼各层使用）：200m²

7. 医务室（分为内外两个）：50m²

8. 超市：50m²

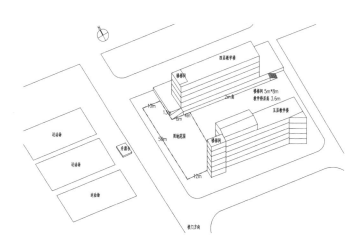

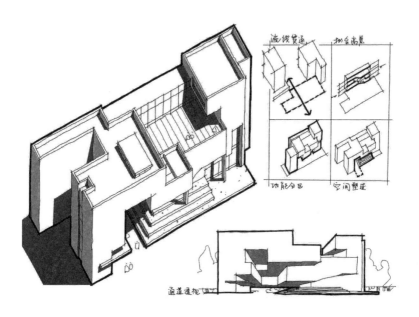

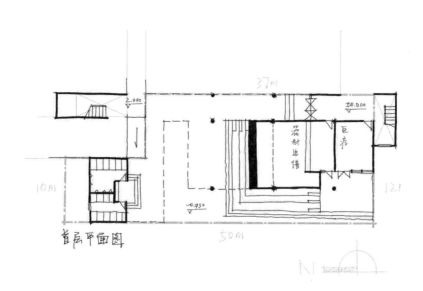

首层平面图

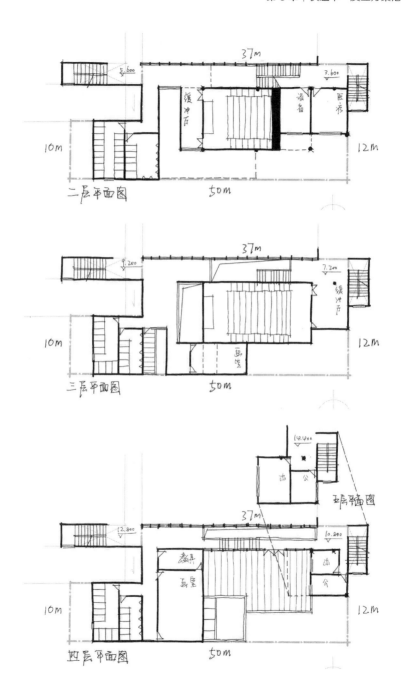

二层平面图

三层平面图

四层平面图

策略分析

- 综合分析人流来向、场地周边地块功能，新建建筑底层须满足流线贯通，贯通东西两侧活动场地，保持场地的可通行性；

- 从剖面出发，在新建建筑内部消解南北侧教学楼的2m高差，利用高差塑造建筑内部空间；

- 以剖面为参考，结合建筑分区塑造出多体块穿插的丰富咬合关系，生成造型；

- 用大台阶、体块错动的手法重点塑造建筑底层架空处的空间效果，塑造建筑积极展示面。

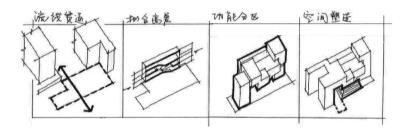

造型分析

- 贯通的底层通道增强了建筑的可达性和公共性，以积极的姿态回应周边功能；

- 造型中天窗所在位置暗示对应的画室功能；

- 屋顶平台及一层大台阶回应场地东侧运动场景观；

- 造型中的起坡体块暗示出报告厅的位置。

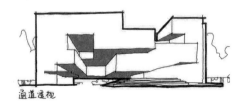

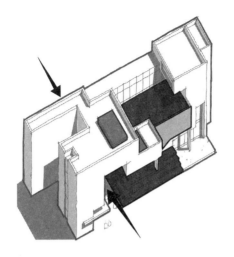

平面分析

- 消解南北侧教学楼错层的交通核与原教学楼楼梯间共同置于北侧，集中解决交通问题；

- 两间医疗室分别置于一层、二层，与室外运动场连接紧密；商业空间紧邻一层主入口；

- 四间办公室两两置于四层、五层，与南侧教学楼五层教师会议区相呼应；

- 各层卫生间均置于场地西北角，消解场地红线不规则凸起部分。

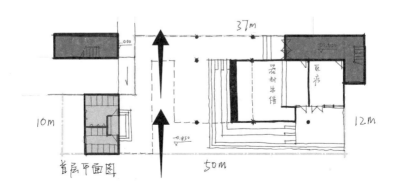

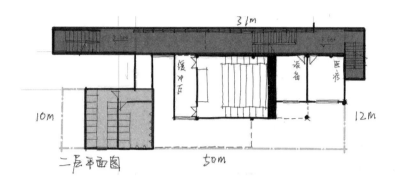

二层平面图

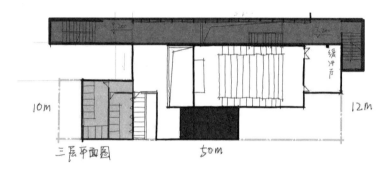

三层平面图

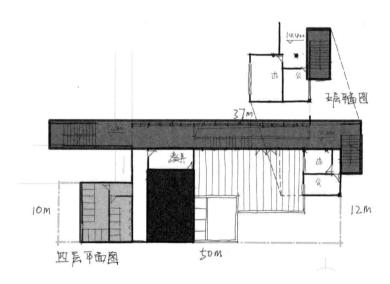

四层平面图

3.5.4.5 华南理工大学2022年初试试题——南方某高新园区创新中心设计

任务书

一、设计背景

南方某科技园区内拟建设一个创新中心，服务园区员工和外部人员。用地面积4085m²，3面均临园区道路。北侧由湖面及小岛，南侧临7层生物研发楼（层高4m）。用地内有拟改造的3层办公建筑1座（层高4m），拟保留的动力站1座（层高3m），用地情况详见附图（图中网格为10m×10m辅助辅动线）。

二、设计内容

总建筑面积1500m²（不含动力站，可±5%），其中，拟改造办公建筑面积960m²，可局部拆除，须保留至少500m²的建筑面积。建筑限高4层，并满足建筑密度≤30%，绿地率≥30%。

1. 可对外服务部分：虚拟现实VR展厅一间100m²，层高5m不开窗；多功能厅一间200m²；可举办会议新闻发布文艺演出活动的开放交流空间150m²，可供学习、交流、休闲活动；咖啡厅50m²；公共卫生间50m²（含一间无障碍卫生间）；

2. 内部使用功能：机器人实验室一间120m²，层高5m；水上航行观测室100m²，以及室外观测平台200m²，均须设置在绝对标高45m以上，可观测湖面；大实验室5间，每间45m²，小实验室6间，每间25m²；带卫生间的研究室4间，每间25m²；

3. 辅助部分：门厅、走廊、楼梯、设备等其他必要空间面积自定；室外场地设计要求：用地东北角拟布置一个公交电瓶车站点，设置候车空间及2个充电车位（一个车位3m×8m）；场内须设置对外开放的公共广场及休闲绿地。

三、设计要求

总平面设计须合理布置流线，避免相互干扰，主入口须考虑机动车的临时落客区，用地内不设停车位，另须考虑装卸实验室材料的后勤出入口，妥善处理场地的地形，场地内大树须保留，尽量减少土方开挖，覆土内标高为绝对标高。

动力站有一定的噪声，须妥善处理避免影响实验用房使用须考虑拟建建筑与周边建筑的合理间距，不能遮挡南面生物研发楼第3层及以上的房间观测湖中小岛生物活动。

须利用拟改造办公建筑的原有结构（钢筋混凝土框架结构），应考虑气候特点防火和无障碍设计要求，满足国家有关规范的要求。

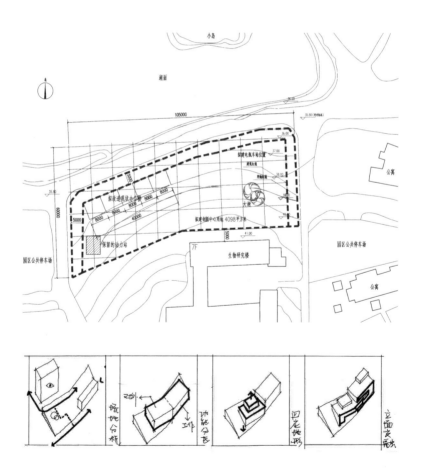

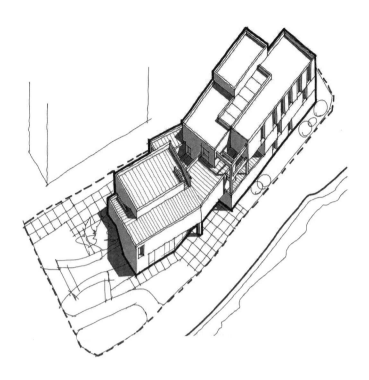

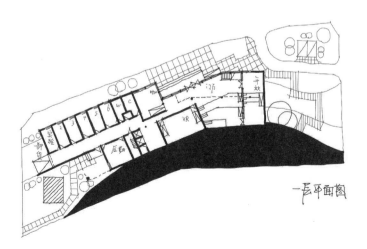

一层平面图

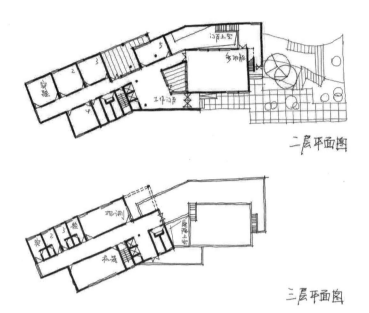

二层平面图

三层平面图

策略分析

- 综合分析场地地貌，红线内外景观及建筑要素，人流来向，新建建筑基本呈现条形体量，功能体块划分为内部工作及对外服务两部分；

- 体块的高差回应坡地地形走势，同时塑造丰富的垂直交通；

- 两大功能分区体块根据内部功能在立面交叠，相互咬合，主要功能重点回应场地北侧湖面景观，且在立面得以体现，塑造丰富沿湖立面。

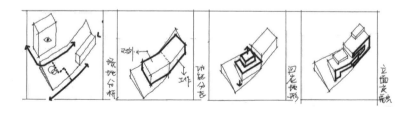

造型分析

- 造型中的体块凸起分别对应内部的多功能厅、观测室,增加方案可读性;

- 造型中部的视线通廊回应红线南侧生物研究楼的景观需求考点;

- 西南侧体块缺角暗示动力站位置,使建筑功能免受噪声影响;

- 立面规律的窗洞口暗示对应的内部工作功能分区体块;一层体块交错形成的灰空间塑造出主要入口位置;

- 屋顶平台垂直交通丰富,充分回应景观。

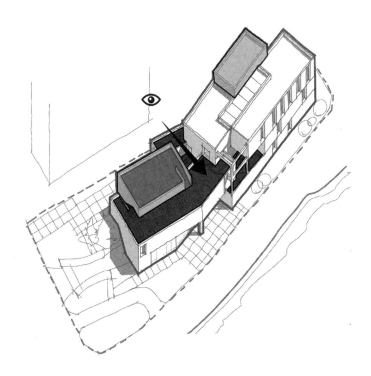

平面分析

- 对外服务入口设置在红线北侧，方便沿湖漫行的外部人流进入；内部工作入口设置在场地东南侧，于公交车站点处开始有路径引导；

- 内部工作及对外服务功能分东西两侧布置，一层功能分区交界处设置咖啡厅，同时服务内部及外部人流；二层交界处设置室外平台，分隔内部工作区与多功能厅，避免串流的同时也保持联系；

- 对外服务门厅处设置阶梯式公共区域回应景观的同时增强方案的开放性。

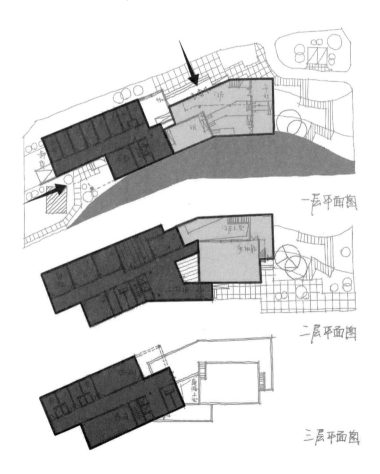

一层平面图

二层平面图

三层平面图

3.5.5 改造类建筑设计策略案例拆解

3.5.5.1 汇佳国际学校办公楼加建

设计策略：1. 老建筑加建；2. 与老建筑形成内院；3. 沿街道斜边呈锯齿状；4. 退台形式，多平台造型。

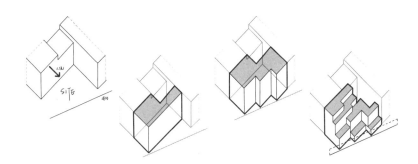

3.5.5.2 东极晨曦民宿

设计策略：1. 原建筑–联排乡村民居；2. 减去一开间用作民宿门厅，增加房间室外平台；3. 结构加固后，向上，四周增加体量满足功能需求，坡屋顶上加建比较少见；4. 根据景观方向局部扭转，扭转区域增加平台。

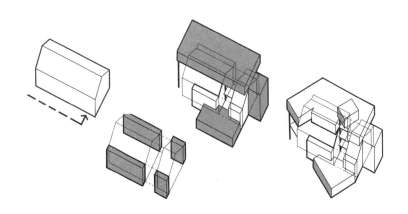

3.5.5.3 先锋汤山矿坑书店

设计策略：1. 场地现存砖窑老建筑；2. 场地预留广场空间，建筑采用拱顶，水平形态呼应老建筑筒状结构；3. 室外路径联系广场和建筑，在形态上使得拱顶独立；4. 结合空间开设天窗，增加屋顶丰富性，积累拱顶造型处理手法。

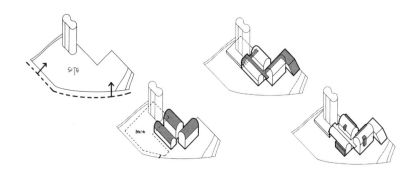

3.5.5.4 上海艺仓美术馆

设计策略：1. 老建筑为煤仓，结构具有美感，且内部空间改造余地小，选择加建；2. 向外偏移加建，确定垂直交通位置；3. 老建筑每层层高不一致，加建区域逐层滑动；4. 部分层数加建无围护，成为外廊，增加高架廊道与步道，增加与城市的联系。

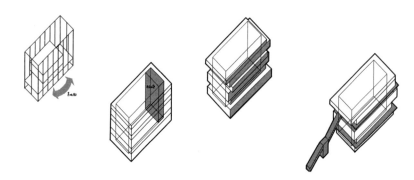

3.5.5.5 武康路话梅坊

设计策略：1. 老建筑位于城市转角；2. 底层完全架空，将空间开放于城市；3. 中部垂直交通贯通，内部向心性平面，室外楼梯辅助疏散；4. 立面颜色，窗口比例与武康路其他建筑协调。

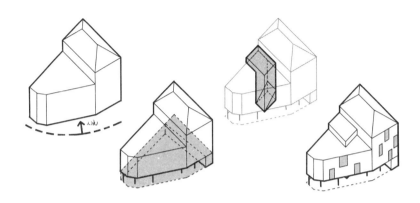

3.5.5.6 南师大玄武科技园图书馆

设计策略：1. 改造目的为提升原有建筑活力，通过通高空间增强视线联系；2. 扩展体量，强化入口，营造门厅空间；3. 大台阶连通室内空间；4. 扩展横向体量，增加室外平台，在视觉上平衡。

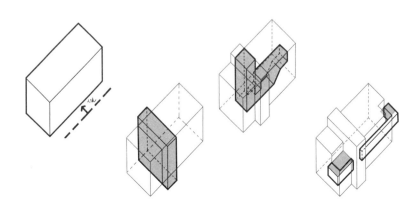

3.5.5.7 北京花木公司办公楼改造

设计策略：1. 推测原结构为砖墙砌体结构，墙体承重，不能随意拆除；2. 体量减法，增加通风界面，结构加固；3. 体量起伏，也是化解尺度的方法，减少对周围建筑的日照影响；4. 水平交通路径变化，空间变化，形体随之变化。

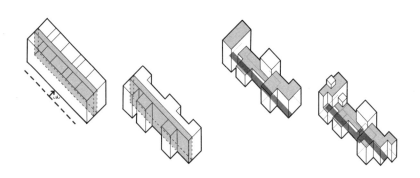

3.5.5.8 武汉红钢城设计创意中心

设计策略：1. 原建筑为砌体结构，场地上有水杉树；2. 加建策略，原水杉树处形成内院；3. 加建区域采取虚实空间两种手法；4. 实空间利用内部通高营造门厅空间，外部大台阶连接性强，虚空间置入了漫步体系，结合庭院。

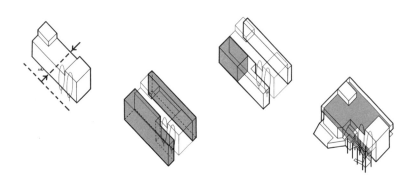

3.6 商办类建筑

同济大学2013年初试试题——山地会所设计

华南理工大学2016年初试试题——南方某高校小型社区活动中心设计

同济大学2022年学硕初试试题——自行车驿站设计

西安建筑科技大学2017年初试试题——某气象监测预警中心设计

重庆大学2018年初试试题——结合地铁出入口文化展览馆设计

东南大学2015年初试试题——社区卫生所设计

同济大学2022年专硕初试试题——垃圾收集转运站设计

东南大学2016年初试试题——游客服务中心设计

上海交通大学2022年初试试题——公园咖啡店设计

西安建筑科技大学2014年复试试题——书店设计

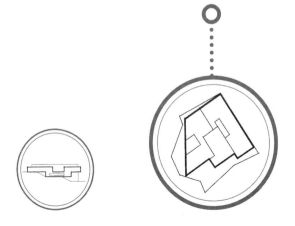

3.6.1 服务人群与功能定位

狭义的商办类建筑是商业建筑与办公建筑的合称，且在一栋建筑中需要同时囊括这两种功能。广义的商办类建筑除了上述两类功能，还包括其他服务类功能，其中以餐饮类功能最为常见且要求特殊。借鉴文体类建筑的分析思路，商办类建筑也可以拆解成商业功能、办公功能和餐饮功能讨论。

商业功能指向最终消费者提供所需商品和服务的零售行业提供空间和场所的部分，强调吸引消费者进入建筑并停留，要克服一切阻碍消费者到达的因素；办公功能是为党政机关、人民团体办理行政事务或企事业单位从事生产经营与管理活动业务提供场所的部分，办公部分的空间组织根据使用对象和业务特点的不同也呈现出不同的特征；餐饮功能是指即时加工制作、供应食品并为消费者提供就餐空间的部分，简餐、快餐、食堂等都是快题任务书中常见餐饮部分的主体功能。

三种主要功能既能搭配出现，也可以作为单独分区出现在其他更为复合的公共建筑中。

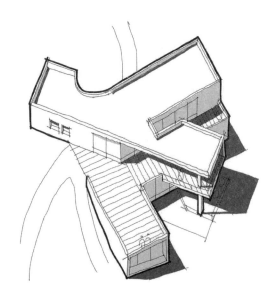

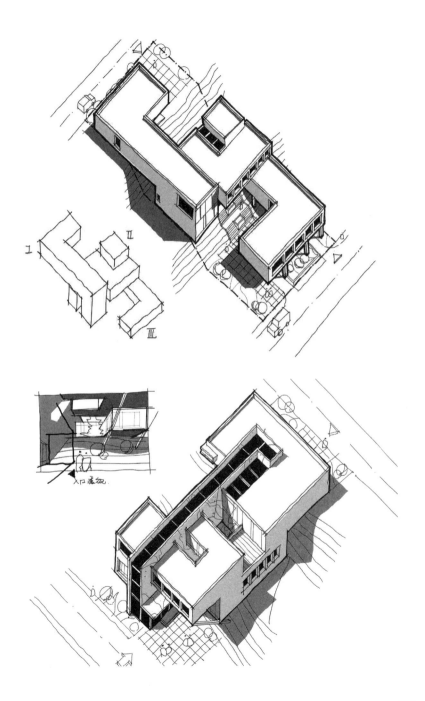

入口处雨棚

3.6.2 常见房间与考点难点

3.6.2.1 常见房间要求

快题任务书中的商业功能常以便利点、超市、纪念品商店以及各类娱乐功能的形式出现，此类房间对外部景观、采光条件的要求都不高，快题中唯一影响它们运营的因素是人流量的大小。考虑到在商业功能中消费者的行为以动态游览为主，此类房间也不必设计为板正的矩形平面，形式更为自由的弹性空间更适合。

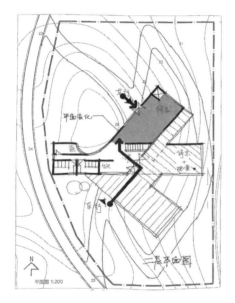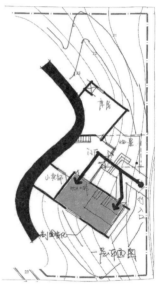

办公功能中的主体是办公业务用房，是指办公人员开展日常工作的房间，有办公室、会议室、资料室、会计师、总经理室等。考生需要注意办公建筑中的办公室是其主体功能，与其他公共建筑不同，后者的办公室往往是辅助分区，从建筑主门厅难以到达。快题中的办公功能不必按照商务办公、总部办公、政务办公和公寓式办公的分类标准学习，考生更需要从空间结果出发，将任务书要求的办公功能拆解成传统房间型的办公空间和更符合现代办公习惯的开放式办公空间，前者不必多说，和普通办公室没有太大区别，后者则强调灵活可变的工位和个性化的办公环境，呈现在图纸中的结果则是有家具布置的功能型空间。

餐饮功能是一类特殊的商业，对人流量和到达性也有较高的要求，但不同于零售店以游走为主的行为模式，餐饮活动相对静止，会在同一个位置停留一两个小时，所以对房间外的景观有一定要求，快题中常常用餐厅回应景观考点。无论餐饮功能规模大小、任务书是否明确要求，最好都配备一定比例的厨房，并结合建筑次（办公）入口组织后勤流线。

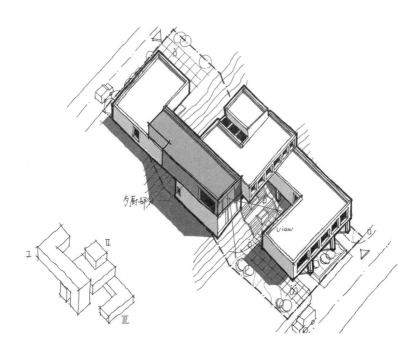

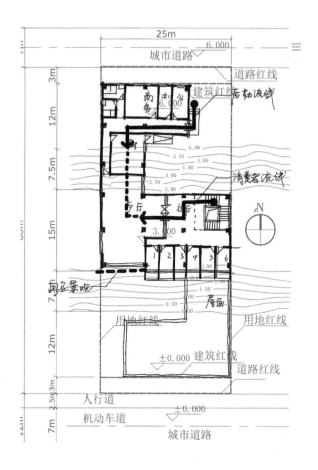

3.6.2.2 金角银边草肚皮

商业功能对人流量的追求在平面设计中体现为"金角银边草肚皮"。金角指的是街角，也可以指商业建筑平面的角部，该位置的店铺展示面最为充足，人流量也能因街角的汇聚作用达到最大；银边指商业建筑平面中除了角部以外，其他位于外轮廓的店铺，人流量和展示面只稍逊于角部的店铺，但同样有保障；草肚皮泛指那些位于建筑深处不便达到的店铺。

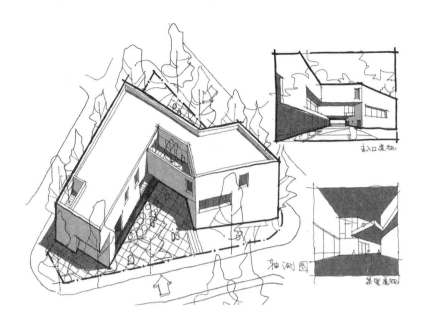

主入口透视

轴测图

茶室透视

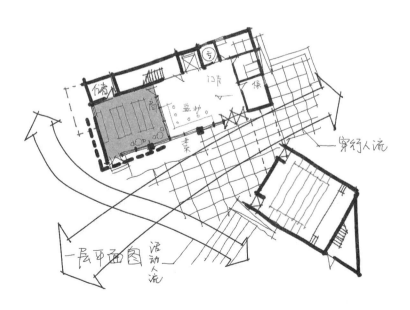

穿行人流

一层平面图 活动人流

3.6.2.3 与非商业功能之间的联系

商办建筑的功能可以按照功能性质分为商业功能与非商业功能两大类。商业功能包括购物、餐饮和各类娱乐功能；非商业功能包括办公、展览、观演、会议、旅馆、居住、交通等功能。两者虽说是独立运营的功能分区，但在商业建筑复合化、体验化和办公建筑生活服务功能强化的大趋势下，在平剖面中营造商业功能和非商业功能之间的联系也变得十分重要。

3.6.2.4 交通组织

尽管鼓励设计者营造不同功能分区之间的交流，但为了保证各部分正常使用，一般办公部分与商业部分不会合用一个主门厅，而是根据人流来向和到达方式分设不同门厅。

在个别快题任务书中，要求区分商办类建筑的裙楼和塔楼，这种情况下最好分别设计裙楼和塔楼的疏散楼梯，避免串流。

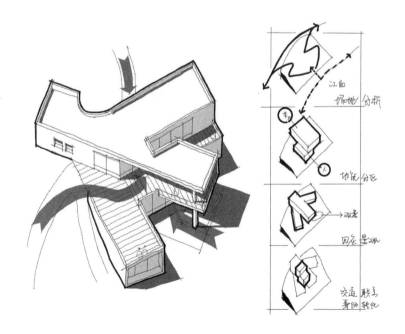

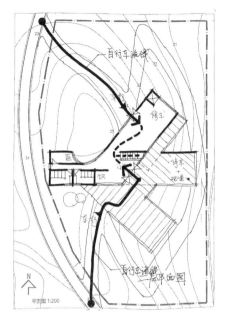
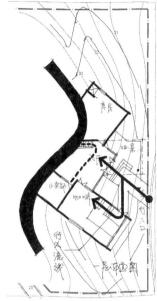

3.6.3 考察趋势与深化策略

　　相较于其他建筑类型，商办类建筑在快题任务书中单独出现的频率较低，但其中涉及的主体功能可以自由结合其他公共建筑，需要考生熟练掌握并灵活应用。

　　只看商办类建筑本身，存在复合化、多元化、社区化几种大趋势，旨在从功能、体验、服务半径等层面提高此类建筑的服务能力，深化的思路可以借鉴文体类建筑，从根本上提高空间深度，留住消费者和办公部分的使用者。

3.6.4 举一反三方案图纸

3.6.4.1 同济大学2013年初试试题——山地会所设计

任务书

一、设计任务书及建设用地

拟在长江三角洲地区某城市近郊设小型商业会所一处。建设用地南北向长60m，东西向长25m，共计面积1500m²，用地的正南方向为城市市中心，拥有良好景观。

用地地形的高程自南北逐步提高，最低处的相对标高设为0.00m，最高处相对标高为6.0m。用地平面图中等高线每根高度差为0.50m，在用地南北侧均有通往城市中心的东西向城市道路。南侧道路红线宽12m（机动车道7m宽，两侧各设2.5m人行道）。相对标高0.00m。北侧道路红线宽7m（无人行道），相对标高6.00m。

会所总建筑面积为1200m²，面积允许误差上下15%。

二、功能分配

1. 门厅及餐饮：400m²；门厅，布置总服务台40m²；咖啡厅，可结合门厅布置60m²；餐厅200m²；厨房60m²；茶室20m²×5间。

2. 客房与健身：250m²；健身房，含更衣室100m²；客房，设独立卫生间30m²×5。

3. 服务与管理用房：120m²；办公室，共两间20m²×2间；商务中心40m²；卫生间，男女各一间20m²。

三、设计要求及说明

1. 南北向建筑两侧用地红线与建筑红线重合，建筑红线退道路红线不小于3m，东、西两侧建筑贴用地红线；

2. 建筑不超过3层，高度不超过10m；

3. 不能挖土、可设置填土墙；

4. 餐厅、咖啡厅、健身房等公共用房，可结合室外设置；

5. 入口设置：设置主入口，建筑入口至少两处；

6. 不考虑机动车停车布置，但结合总平面图，一层平面图标明主入口与城市道路关系，在一层平面图中（用地范围内）布置车行出入口；

7. 用地范围内道路坡道不大于7%。

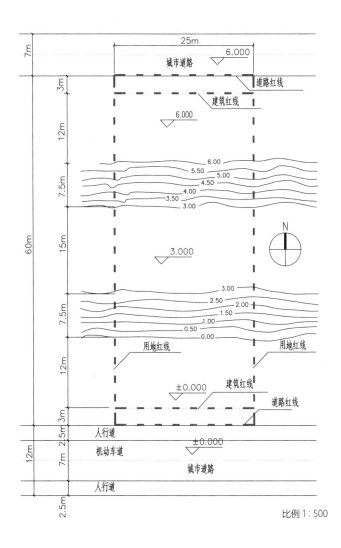

比例 1：500

方案一

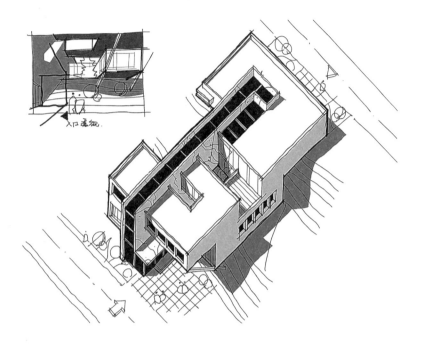

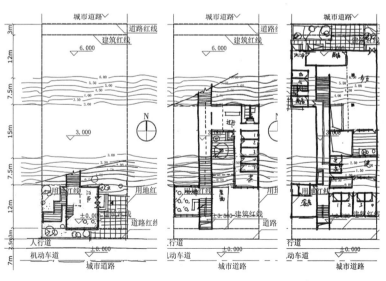

策略分析

■ 在场地中先竖起一堵带有交通功能的"墙"，在内部联通三级台地，再将各功能灵活打包成几个方盒子，作为被服务空间外挂在"墙体"的两侧；

■ 盒体的分布遵循一定的规律，体现为东侧多西侧少，东侧全是对外服务的功能，而所有的辅助功能集中在西侧；

■ 体块局部跌落呼应高差地貌；

■ 利用外挂体量的自由度，深化入口灰空间，墙体和东侧体块之间的衔接处虚实变化丰富；

■ 南立面呼应景观。

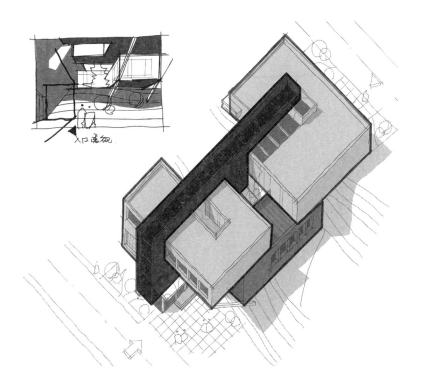

平面分析

- 门厅设置在一层，以一部直跑楼梯和一部双跑楼梯组织主要交通，贯穿一到三层；

- 咖啡厅单独设置；

- 主要交通空间的宽度有富余，故在三层平面适当留出一定的通高空间，利用楼板的虚实变化丰富一二层的主要交通空间；利用门厅空间和餐厅天窗的变化，将原本二维的墙体拓展出第三个维度，对建筑形体产生了一定的包围效果。

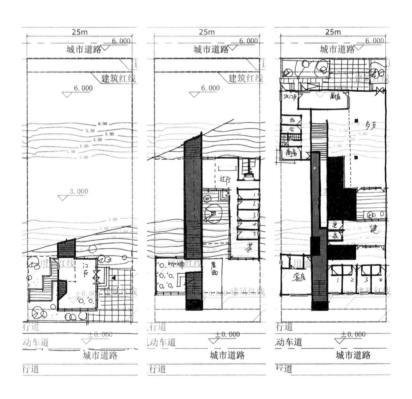

方案二

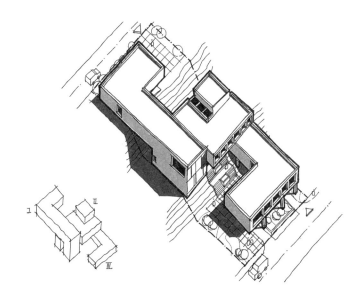

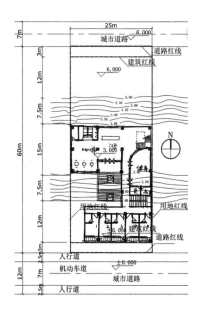

设计策略

- 从平面基本形叠加出发构思方案，将功能要求在两层体量中解决；
- 底层充分架空形成灰空间并构成建筑的入口序列；
- 形体跌落呼应高差地貌；南立面呼应景观。

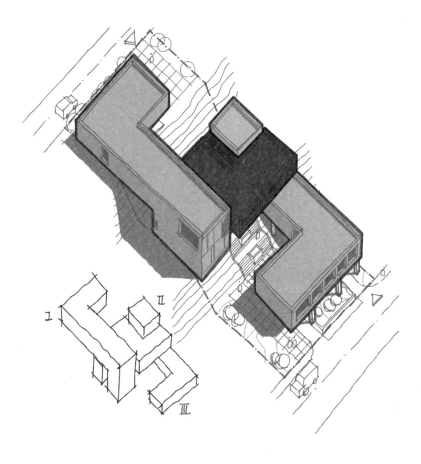

平面分析

- 标高±0.000处台地全部架空，使用者经过一处大台阶先被组织到 3.000标高台地，再进入门厅空间，从而保证主门厅在整个建筑中处于较为中间的位置，方便使用者从门厅出发到达各大功能分区；

- 咖啡厅结合门厅布置，配有下客区。

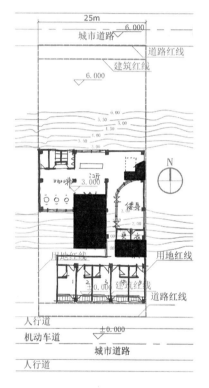
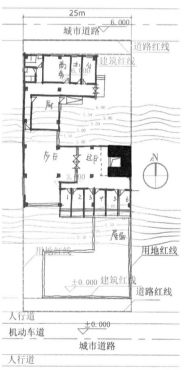

3.6.4.2 华南理工大学2016年初试试题——南方某高校小型社区 活动中心设计

任务书

一、设计背景

用地位于南方某高校校园内，场地为三角形用地，周边三面临路，北高南低，标高为36.00~37.30m，场地分为两个平台，场地北侧为多层民房，东侧为9层高框架结构教工住宅。西南临九一八路，隔路为小区游园及底层独立式住宅，场地内有众多的树木，拟建设的项目定位为小型社区活动中心，主要满足社区服务、老人及老人看护儿童之活动场所。设计要求结合周边环境对建筑做适当架空处理，以便儿童在室外活动时给老人提供一定的看护场所。同时要求对内外部空间进行必要的个性化设计，并选择场地周边的一条路进行步行化改造（用地地形详见附图）。

二、设计内容及面积指标

用地面积1036m²，总建筑面积控制在900m²以内。

1. 社区服务中心25m²×2间；

2. 面包屋40m²；

3. 养生讲堂100m²；

4. 棋牌室20m²×4间；

5. 看护空间30m²；

6. 会议室60m²；

7. 值班室20m²；

8. 休息茶座60m²；

9. 门卫、楼梯、电梯、公共卫生间等自定；

10. 小菜园30m²，适当设置老人、儿童活动场地。

三、设计要求

1. 建筑平面退缩见地形图所示，建筑红线范围外不能出挑建筑，建筑高度不超过3层；

2. 结合老人活动及儿童看护要求进行公共空间个性化设计;

3. 建筑设计要求功能流线及空间关系合理;

4. 结构合理,柱网清晰;

5. 符合有关设计规范要求,建筑应考虑无障碍设计;

6. 对周边室外场地进行环境设计;

7. 设计应表达清晰,表现技法不限。

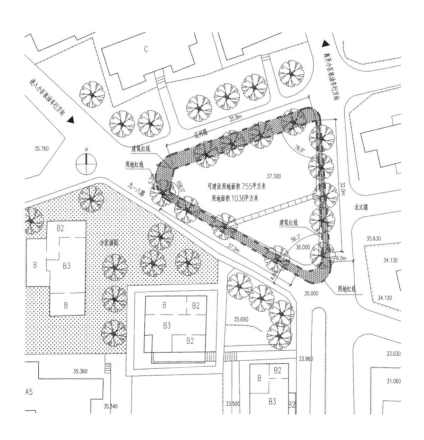

主入口透视

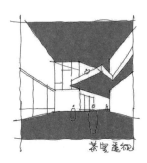

茶室庭视

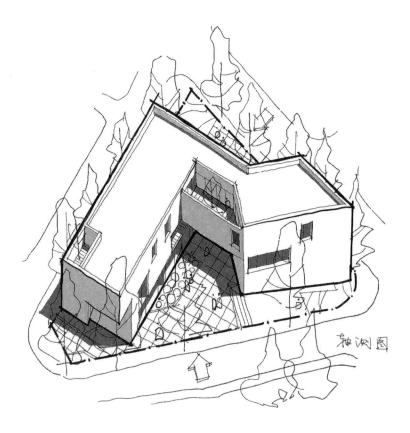

鸟瞰图

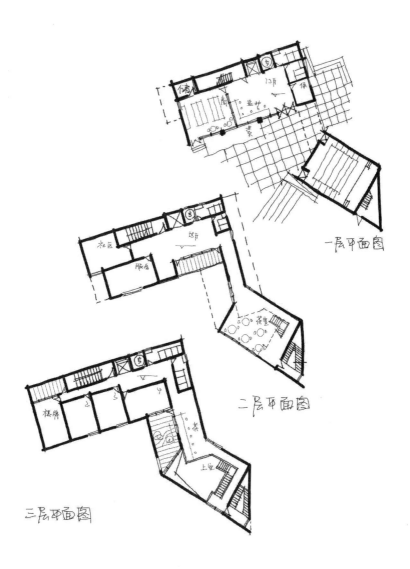

一层平面图

二层平面图

三层平面图

策略分析

■　综合分析人流来向和主要景观的位置，选取L形为本方案的基本体量；

■　　L形向东置后，使得西向留出平台，并应对西面的小区游园景观；

■　底层架空，留出东西廊道，创造舒适的景观，以便儿童在室外活动时给老人提供一定的看护场所；

■　用减法减出平台和架空，用平台和通高空间创造连贯且开敞的室内室外空间。

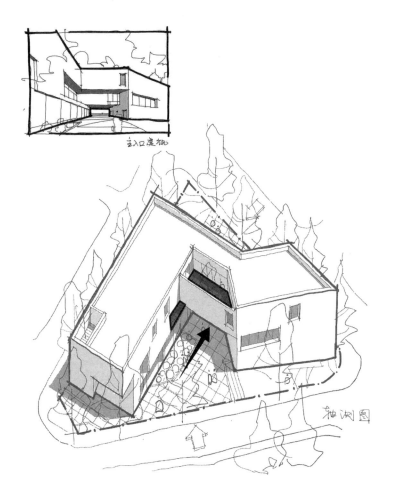

主入口透视

轴测图

平面分析

- 平面功能分区，将辅助空间放置远离主要东西景观廊道，放在北向和东南角；

- 首层平面使用架空，留出主要东西廊道，并把商业用房即面包房置于与道路相邻面，将养生讲堂（人流量大，且有抬升）置于底层南面，利用自带的1.3m高差来适应功能空间自带的台阶座位；

- 二层和三层主要营造的空间，仍在L形体块交角处，用平台空间，应对主要朝向景观面（东面的小区游园）。使用架空和楼梯创造丰富的使用空间。棋牌室作为吵闹空间放置在底层。

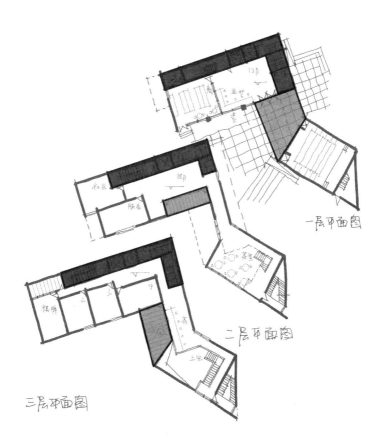

3.6.4.3 同济大学2022年学硕初试试题——自行车驿站设计

任务书

一、设计背景

江南某沿江公园内有自行车道，拟在沿江公园内设计一自行车驿站，场地总面积2700m²，建筑总面积700（上下浮动10%），要求以下3个部分相互独立设置，并且注意相互关系，自行车必须骑行可达各部分功能。

二、功能分配

1. 自行车服务：自行车修理120m²；库房120m²；停放60辆自行车，自行车停放面积参考1.5~1.8m²；

2. 餐饮：小卖部饮水；咖啡室／茶室；办公室、医务室、卫生间面积自定；

3. 结合室外观景平台，设置有覆盖不密封的休息观景区，设置的休息座椅面积自定。

三、设计要求

设计应考虑环境尺度，以及建筑与外部空间和沿江景观的关系；设计应组织基地内骑行道与基地外骑行道和滨水步道建立很好联系；基地内有较大标高变化，设计应考虑建筑标高与基地标高的关系；设计须考虑建筑形式与环境关系；自行车骑行最大坡度为8%。

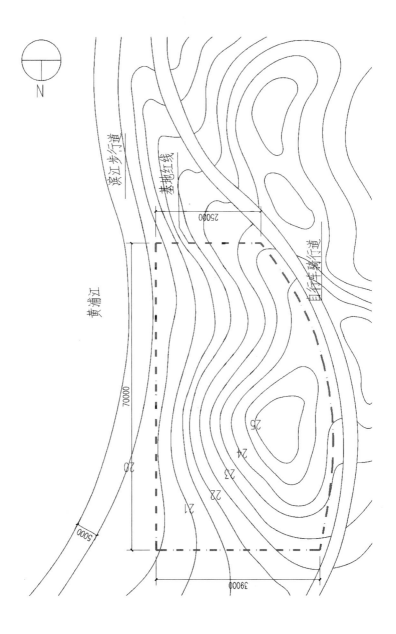

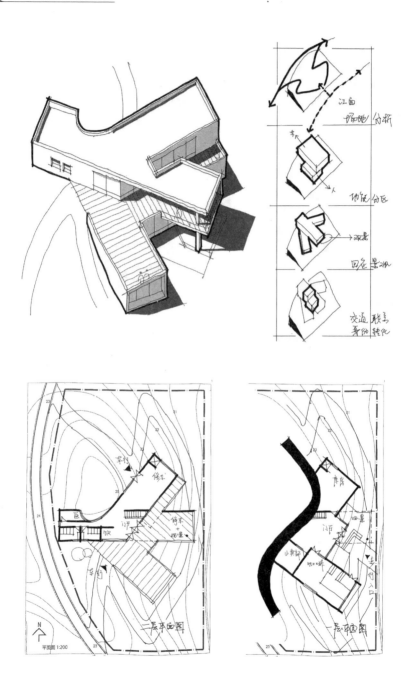

策略及造型分析

- 方案的自行车环路环绕用地红线设置，中心围合出大块场地；

- 东西两侧分别服务于骑行者和沿江慢步人员；

- 建筑通过条形母题扭转错动，塑造了丰富的观景平台及灰空间，造型有韵律。

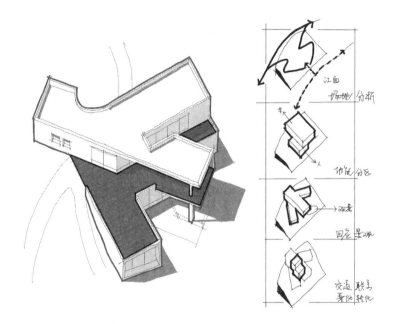

平面分析

- 自行车服务空间相对封闭，依靠基地西侧放置，二层主要服务于西侧来往的自行车；

- 东侧沿江界面服务慢行人流，餐饮及观景平台较为开放，结合东侧的慢行人流设置；

- 功能分区间通过空间楼梯连接，骑行者与慢步者在建筑内部完成身份转化。

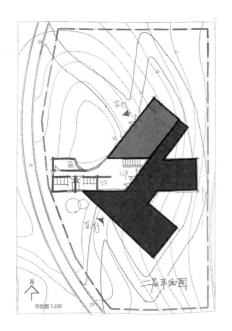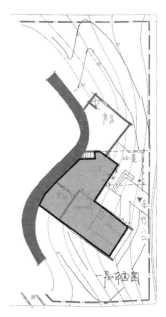

平面图 1:200

3.6.4.4 西安建筑科技大学2017年初试试题——某气象监测预警中心设计

任务书

一、设计背景

气象监测预警中心为地方防灾减灾体系建设、人工影响天气能力、服务"三农"能力提升等不可或缺的职能建筑，在社会生活、经济发展方面起着不可估量的作用，本项目是根据中国气象局2012年初颁发的一号文件《中共中国气象局党组关于推进气象文化发展的建议》设立的，第一批贯彻落实全面推荐气象文化发展的重点建设项目。

根据国家气象局观测站的规划设计要求，室外观测场地与保障遮挡物设计距离应大于障碍遮挡物高度的10倍，或其于遮挡仰角不大于5.71°，气象业务平台应直接面对室外观测场地。由此，此类建筑通常位于城市近郊附近，四周旷野之处，本项目基地位于城市近郊的田野之中，某高速公路引线北侧，基地东西狭长的不规则用地面积约7650m²。

基地中已明确标出室外观测场地的位置。基地西侧有一现状三层的招待所和几组单层库房。建筑包括业务办公用房、气象防灾减灾监测预警中心、气象科普教育宣传基地三部分，以及附属配套设施。

在满足功能的条件下，建筑还应与气象文化、自然因素（天空、田野等自然景观、光的组织等）充分融合（南、北方地域可自行设定、须注明）。

二、项目主要功能

1. 气象业务平台（无柱大空间）400m²；

2. 业务办公室22m²×10间；

3. 150人多功能厅180m²；

4. 值班公寓（须设独立卫生间）22m²×6间；

5. 气象科普宣传展厅或展示空间（可分设）240m²；

6. 党员活动室80m²；

7. 职工餐厅与厨房150m²；

8. 门厅、休息厅、卫生间以及交通空间等，考生可自定；

9. 停车位：大巴车位不少于3个，小车位不少于10个。

三、设计要求

总建筑面积2500m²（±5%）。

场地设计须有直通观测场地的道路，基地内四周要有消防环道，室外观测场地与建筑构筑物设计距离应大于等于建筑构筑物高度的10倍或与其遮挡仰角小于5.71°。

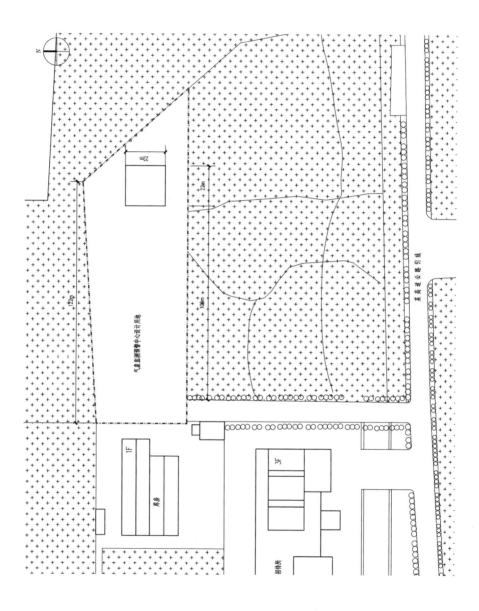

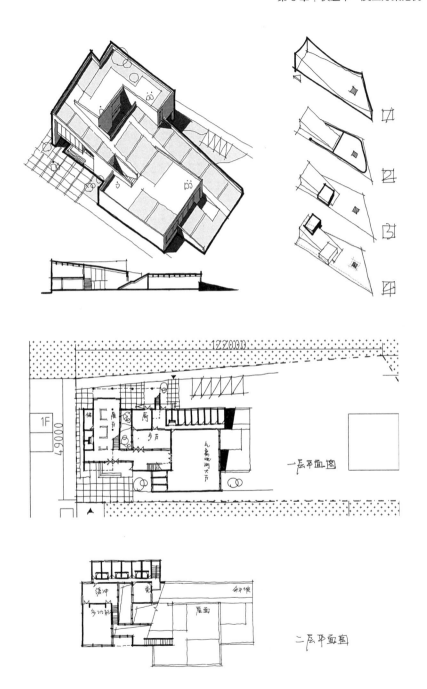

策略分析

- 综合分析人流来向和主要景观的位置及场地内要素，选取"梯形+咬合"为本方案的基本体量；

- 用梯形应对室外观测场地与建筑构物设计关系，并采用咬合形态加两个盒子，在深化的时候插入庭院和直跑楼梯，且空间的置入在平面图中也反映到门厅空间上；

- 在应对主入口人流的时候，入口立面采用"之"字形，并结合凹凸体块和平台处理；

- 体块咬合手法的统一，最后的造型结果也比较完整，与平面功能也相得益彰。

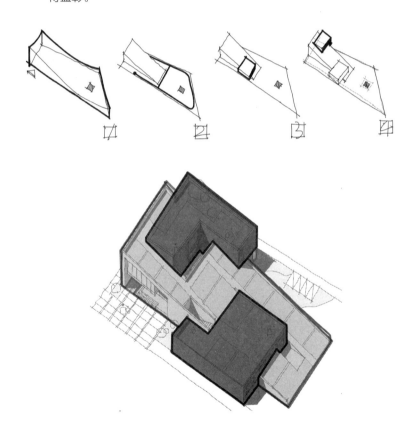

平面分析

- 平面功能分区，主要功能应对主要景观，以及报告厅空间高度需要略高。

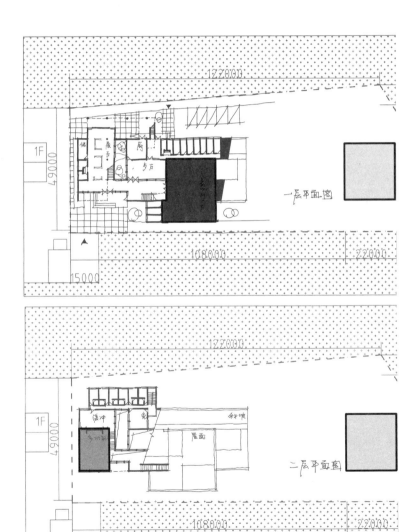

3.6.4.5 重庆大学2018年初试试题——地铁站出入口文化展馆设计

任务书

一、建设背景

重庆某高校大门外侧正在兴建地铁出入口，包含主出入口（扶梯+直跑楼梯，已确定形式与位置，如图所示）和次出入口（双跑楼梯+升降电梯，具体位置由考生自定，位于总平面中所示用地范围内）各一个。为市民和师生提供文化信息等服务功能的同时，也为旧城类似零星用地的集约利用提供一个示范。

该高校大门建于20世纪30年代，包括四个独立石砌门柱，具有一定文化历史价值，两侧墙上镌刻着校训文字，高约3m。城市道路进入校园内的入口道路为上坡，高差约3m。

二、设计要求

1. 充分考虑地铁出入口与其他功能的关系，新功能不能影响地铁乘客出行效率和安全；

2. 充分考虑与高校大门及校训墙的关系，新建筑外边缘与该墙体至少留出1m的间距；

3. 文化展示功能的主要出入口面向城市，如有必要，可考虑从校园内设置次入口；

4. 建筑与周边建筑的间距按现行国家防火规范控制。

三、主要建筑功能及指标要求

1. 文化展区200m²（展区+学校纪念品商店）；2. 特色书吧400m²（图书阅览+新书阅览+小型沙龙）；3. 管理办公20m²；4. 卫生间80m²；5. 设备间（可合理分配设置）。

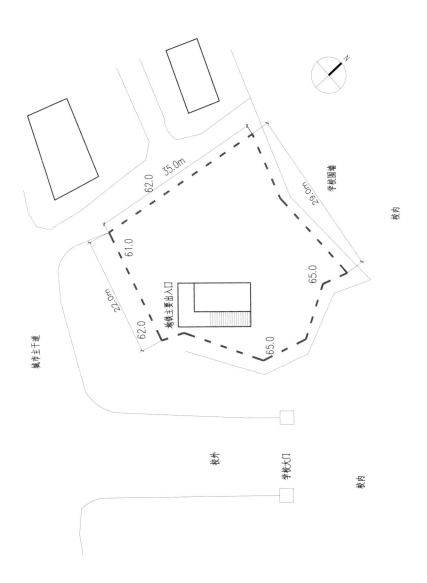

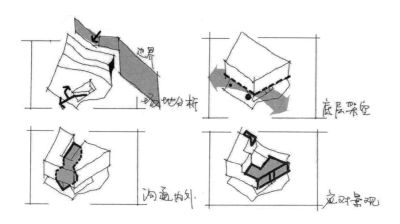

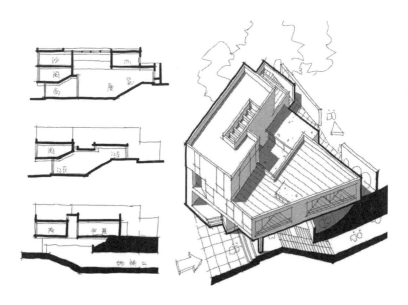

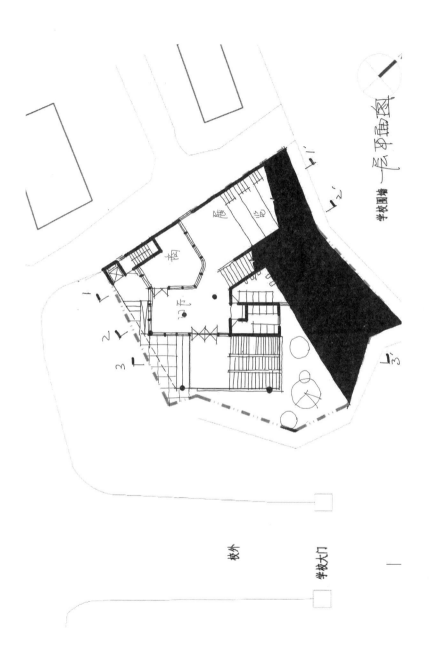

一层平面图

学校围墙

校外

学校大门

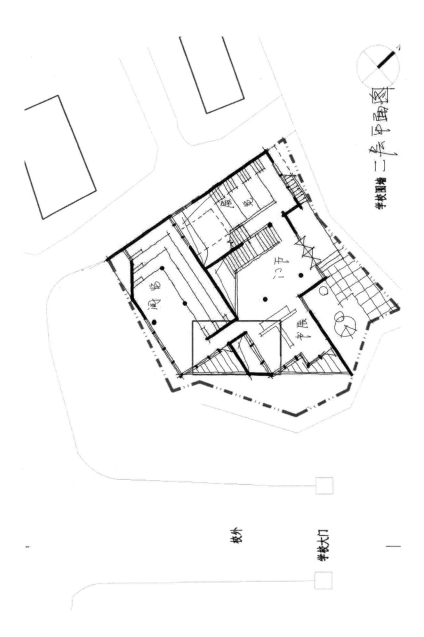

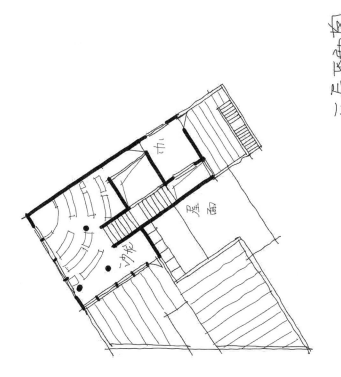

三层平面图

策略分析

- 综合分析人流来向和主要景观的位置，选取C形为本方案的基本体量；

- 用C形围合中间联系双首层的门厅空间和核心交通盒；

- 底层架空，留出地铁空间；

- 中间层创造连续界面，回应城市和校园入口；

- 用减法，减出平台空间，给城市和校园留有观景平台区。

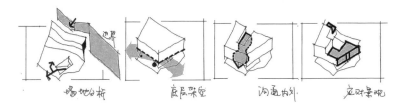

场地分析　　　　底层架空　　　　沟通内外　　　　应对景观

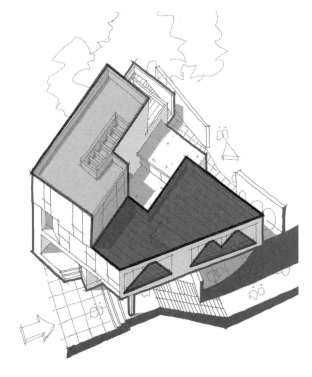

平面分析

- 平面功能分区，将辅助空间放置于远离主要景观廊道处，即东北角和南角（地铁形成遮挡面）；
- 大台阶和直跑楼梯串联各层平面图，属于C形体块核心交角处，是主要营造的空间；
- 首层平面使用架空，留出地铁通道；
- 二层用窗和平台呼应校训墙和城市界面；
- 顶层用宽阔的平台来创造舒适的空间。

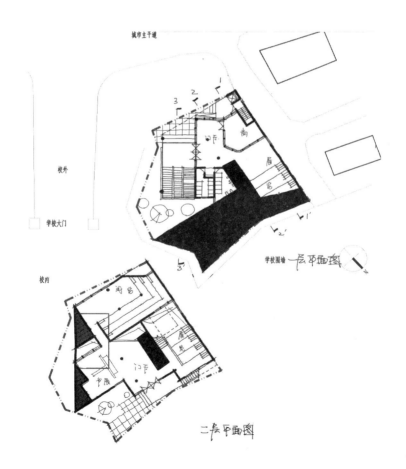

3.6.4.6 东南大学2015年初试试题——社区卫生所设计

任务书

一、设计背景

本案基地位于某菜市场北侧，建筑红线内面积约430m²（见附图）。菜市场上部住宅楼内的居民须通过标高为4.5m的公共户外连廊到达各个单元。现拟在地块建社区卫生所，总建筑面积约600m²，层数3层（不考虑地下室或下沉）。功能上能满足基地北、西侧及南侧菜场上部各幢住宅楼内居民日常就医、康复使用要求。

二、建筑功能

1. 挂号、缴费、药剂室（3个功能共用1个房间）40m²；

2. 诊室20m²×6间；

3. 公用候诊区（就近诊室设置）60~80m²；

4. 输液室60m²；

5. 康复器械活动室（并利用屋顶平台设大于台设大于150m²的康复器械露天活动场，康复区内外应联系便利）80m²；

6. 内部办公15~20m²（2~3个）；

7. 集散门厅、卫生间、储藏等空间若干；

8. 机动车停车位6个。

三、注意事项

1. 在建筑红线内可以贴现有建筑建设，但不可将其作为新建建筑承重或维护结构；

2. 天桥位置不可以调整，现状户外楼梯可以重新设计，但仍须在建筑红线内，并须保证菜市场上部的居民能方便进出；

3. 输液室层高不小于4m，其他功能用房不大于3.5m。

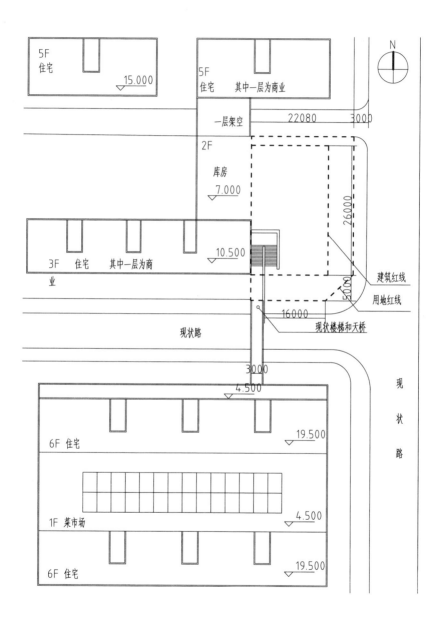

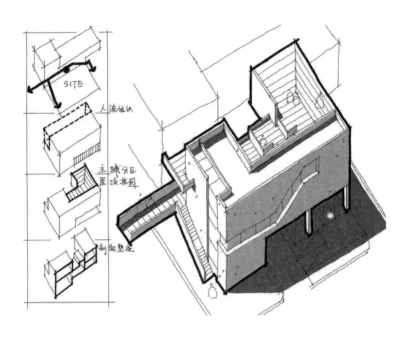

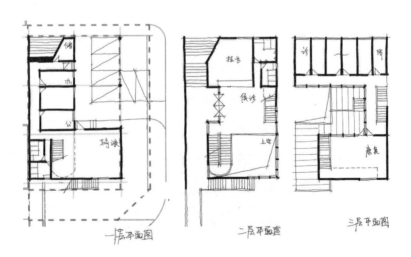

一层平面图　　　　　二层平面图　　　　三层平面图

策略分析

- 利用建筑使南北向人流实现贯通，建筑成为整个社区的媒介；
- 面向南侧界面形成通高空间，同时利用空间手法满足题目中对于输液室的高度要求；
- 对题目中的室外露台进行深化，一部分室外平台，一部分屋顶露台，丰富造型的同时，满足不同人群的需求。

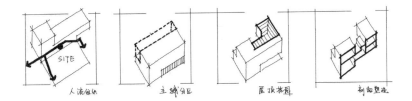

人流组织　　　　主轴分区　　　　屋顶楼园　　　　剖面塑造

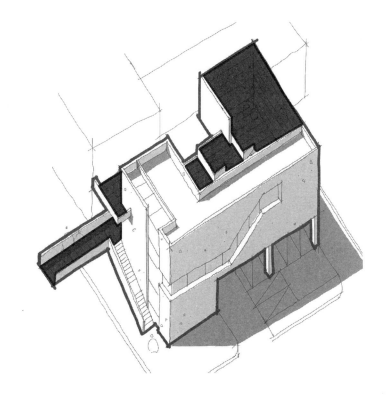

平面分析

- 辅助空间打包处理，方便大空间的灵活处理；

- 利用场地原有廊道，结合建筑创造具有城市性的穿行界面，实现人流的渗透；

- 将诊室打包处理，作为一个整体的大空间，与其他大空间进行剖面上的设计处理；

- 利用屋顶塑造室外平台区域，屋顶与平台的结合，中间植入半层高差的平台，在丰富造型的同时，深化室外平台。

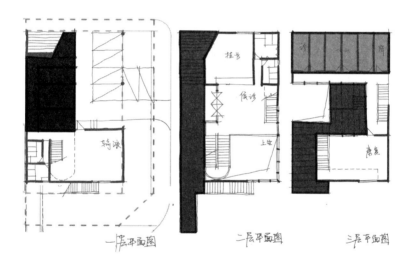

一层平面图　　　二层平面图　　　三层平面图

3.6.4.7 同济大学2022年专硕初试试题——垃圾收集转运站设计

任务书

一、设计背景

基地西侧是一条城市道路，东侧及周边是城市的绿化，现在该用地内拟建一座垃圾转运站。总建筑面积1600m²。

二、任务要求

1. 应充分利用地形，西侧可设两个车行出入口分别供垃圾车进出，垃圾车转弯半径6m；

2. 本设计需考虑垃圾收集车、转运车及办公人员流线，收集车与转运车避免交叉但应连通；垃圾收集车（4.5m×1.8m），转运车（6.5m×2.4m），卸料区（2.4m×2.4m）；

3. 办公区与转运车间适当分离，但应有联系，并需考虑办公环境的舒适性；

4. 车间应有良好的采光通风，满足4辆车同时装料／卸料，每辆车工作区开间不小7m；

5. 建筑设计须考虑城市景观及城市道路的关系。

三、功能要求

1. 转运车间1000m²；

二层：倒料大厅250m²（层高不小于6m）；喷淋区140m²（在卸料口的正上方，喷淋能有效防止气味与扬尘）；工具间20m²；

一层：装料大厅250m²（层高不小于4.5m）；设备间20m²（必须与装料大厅直接相连）；维修间20m²；工具间20m²；控制室20m²；

2. 业务用房：240m²办公、接待、值班、会议自定；

3. 公厕60m²（兼顾内部人员使用）；

4. 停车，不少于6个垃圾车停车位（3m×6.5m）。

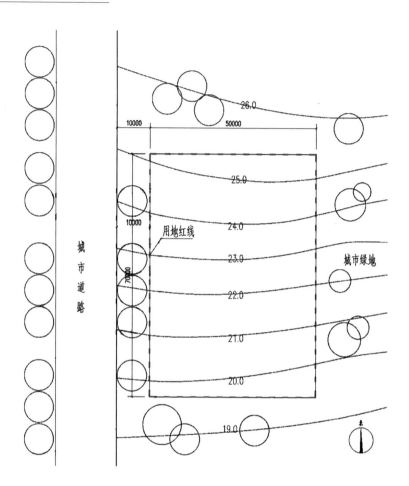

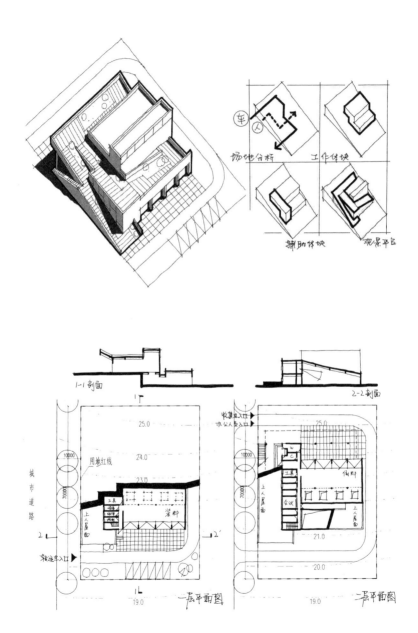

策略分析

- 综合分析人流、车流来向、主要景观的位置以及场地地貌，新建建筑主要功能空间呈现两体块叠加的形态，场地内围绕红线设置环形车行道路；
- 在场地西侧置入业务空间体块，利用不同层高体块组合天然形成的高差塑造景观平台；
- 结合业务分区对室外观景平台的流线进行设计，在提高供人使用的空间景观质量的同时丰富形体造型。

造型分析

- 造型上暗示倒料、装料大厅及喷淋区的功能，且高侧窗回应了大空间采光通风的考点；
- 垂直连续的室外路径呼应了场地东侧的城市绿地景观。

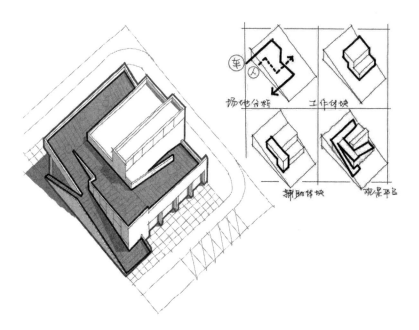

平面分析

■ 倒料、装料大厅分别布置于二层、一层，主要功能置于场地东侧，大厅开间均满足4辆车同时出入的需求；

■ 业务功能空间及设备、维修间、工具间、控制室等辅助功能统一打包布置在场地西侧，洁污分区明确；二层人使用的空间与装料大厅同玻璃密封，分区明确的同时方便工作人员随时监测车间工作情况；

■ 公厕布置在办公入口北侧，靠近办公人员入口，方便行人使用的同时兼顾内部使用。

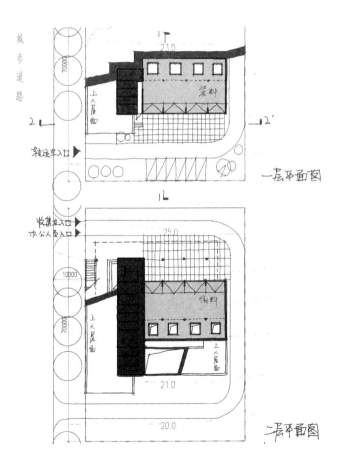

3.6.4.8 东南大学2016年初试试题——游客服务中心设计

任务书

一、设计背景

1. 某湖边景区需修建一游客服务中心，满足游客咨询、休憩观景的需要，同时兼做游艇码头；

2. 湖边现有一条4m宽道路与湖岸平行，道路边线距离湖岸约20m。道路标高约18.0m，湖面常年水位13.0m（详见地形图）；

3. 游客服务中心总建筑面积不超过700m²，建筑形体控制在36m×15m×9m（长×宽×高）的空间体以内。

二、设计要求

1. 公共服务部分包括咨询、纪念品销售、售票等区域，面积自定；

2. 休息茶座（含服务操作区及柜台，不设厨房）100~120m²；

3. 游艇候船区，需考虑检票口的设置80~100m²；

4. 公共卫生间1组，需兼顾过路游客的使用60m²；

5. 办公室3~4间，共80m²；

6. 栈桥等附属设施：可同时停靠2艘游船，游艇长×宽×高：12.5m×4.0m×4.5m。

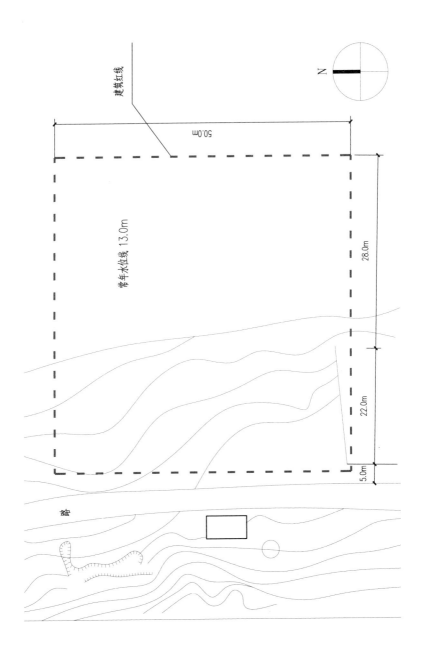

建筑红线

N

50.0m

常年水位线 13.0m

28.0m

22.0m

5.0m

路

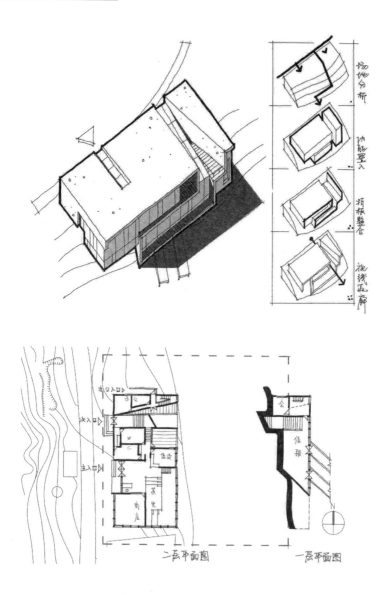

策略分析

■ 综合分析人流来向、主要景观位置以及场地地貌，新建建筑造型近似
呈现长边面向湖面的长方体，主要功能空间按分区不同在造型上呈现

三体块形态，以折板整合造型并在局部设置观景平台呼应湖面景观；

- 商店及纪念品售卖区紧邻门厅设置，茶室休息空间通过局部下沉手法与门厅分隔，提高门厅空间质量的同时也丰富了建筑造型；

- 场地北侧办公休息平台及候船区入口通道针对道路通行者塑造景观渗透效果，候船区通道上方为采光玻璃天窗，两侧为墙壁，针对候船者塑造框景效果，空间效果优良；

- 办公分区与入口通道通过三角形室外平台分隔。

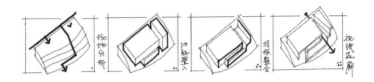

造型分析

- 造型体块暗示建筑内部主要功能分区，用折板手法将三个功能体块整合，使建筑造型整体的同时丰富了沿湖界面；

- 北侧办公室一侧屋顶平台连同候船区通道玻璃体塑造视觉景观渗透效果；

- 玻璃天窗暗示了建筑西侧主次入口的位置，增加方案可读性。

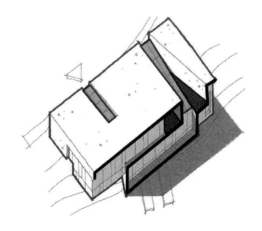

平面分析

- 候船分区置于一层，相对其他功能独立设置，占用优质景观面且可以清楚看到船舶停靠情况，契合候船功能的同时提供优质景观；

- 候船区单独设置入口，并与茶室休息区及辅助分区均保持联系；

- 茶室、纪念品售卖区及商店均紧邻主门厅设置，商业空间沿道路界面开放；茶室空间占用优质景观面且与门厅通过下沉阶梯分隔；

- 辅助分区与候船区通过室外平台分隔并单独设置办公入口，避免串流。

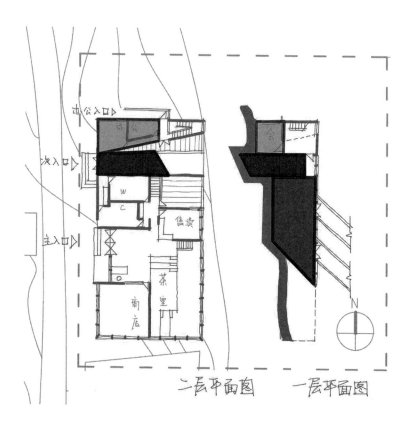

二层平面图　　一层平面图

3.6.4.9 上海交通大学2022年初试试题——公园咖啡店设计

任务书

一、设计背景

场地信息如图,场地内有高差;总建筑面积500m² ± 5%,设计时需保留场地内树木;主体1层,局部2层,需合理考虑货物流线,游客流线与后勤流线。

二、设计内容

1. 主要功能:营业厅200m²,可容纳100座,可分散设置;吧台30m²,需与制作间相邻;卫生间20m² × 2间;

2. 辅助功能:制作间10m²;男女更衣各10m²;男女卫生间各10m²;办公12m² × 2间;仓库16m²;

3. 门厅、公共交通、卫生间、设备房等配套用房由考生自定。

三、设计要求

处理好各功能的关系;重点考虑建筑空间的变化;造型手法及风格应与建筑性质吻合。

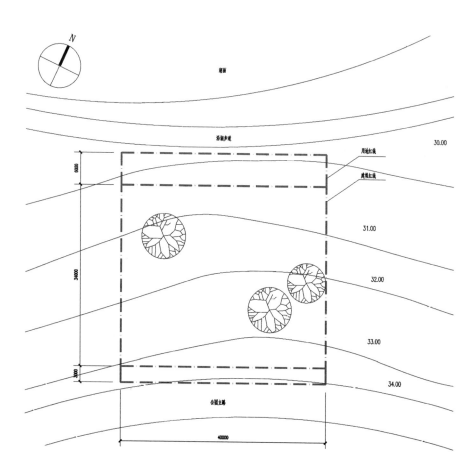

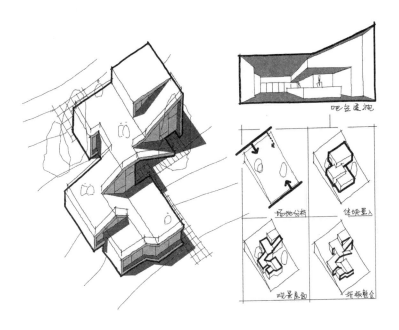

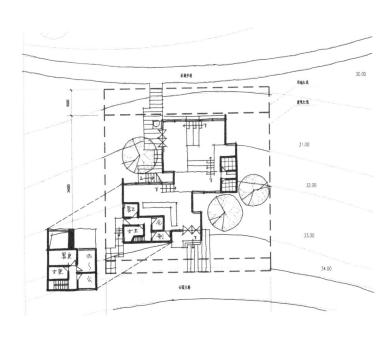

策略分析

- 综合分析人流来向、主要景观位置以及场地地貌，主要功能空间在造型上呈现南高北低的三体块跌落形态，并以折板整合造型；

- 室外路径丰富，屋顶平台的起伏变化呼应场地地貌的同时暗示建筑内部空间的高差变化。

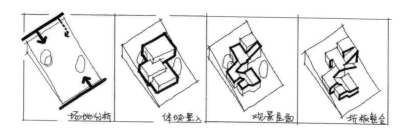

场地分析　　　体块置入　　　观景屋面　　　折板整合

造型分析

- 方案从造型出发，造型体块灵活，此策略适用于建筑面积要求较小、红线内面积较大的题目；

- 用折板将三个功能体块整合，使建筑造型整体的同时丰富了临湖界面，呼应红线外湖面景观；

- 方案呈现的三体块跌落造型巧妙围合场地的三棵保留树木，呼应红线内点状景观；

- 屋顶平台垂直交通丰富，呼应湖面、树木景观的同时增加了场地开放性；

- 西南角突出的2层体块暗示主辅功能分区。

平面分析

- 辅助功能置于场地西南角，主辅入口分离，主辅功能既有联系又不串流；
- 主要功能空间所占据的一层平面空间变化丰富，且局部设置通高空间；
- 主要功能以开窗呼应北侧湖面景观的同时围合场地内的点状保留树木，保证空间质量。

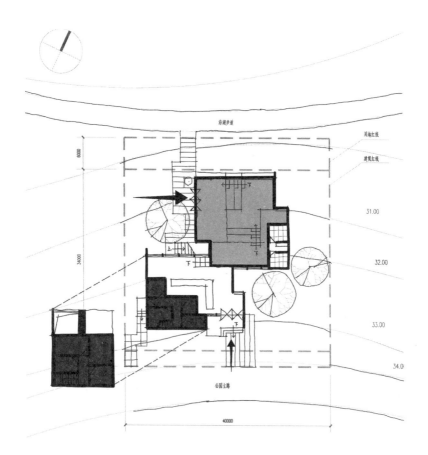

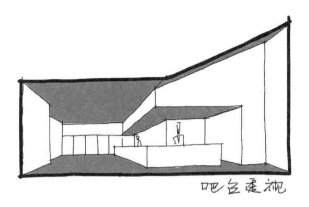

吧台透视

3.6.4.10 西安建筑科技大学2014年复试试题——书店设计

任务书

设计要求

拟在西安某商业街中建书店建筑一座，具体地形见附图，尺寸24m×40m，要求如下：

1. 容积率不大于3，建筑密度小于0.7，建筑高度不超过24m；

2. 图书、音像、文具类面积分别不少于1200m²、400m²、200m²；

3. 门厅、门卫、存包、休息、收银等功能根据设计自定；

4. 办公、20m²×5间（可以合设）；

5. 考虑无障碍设计。

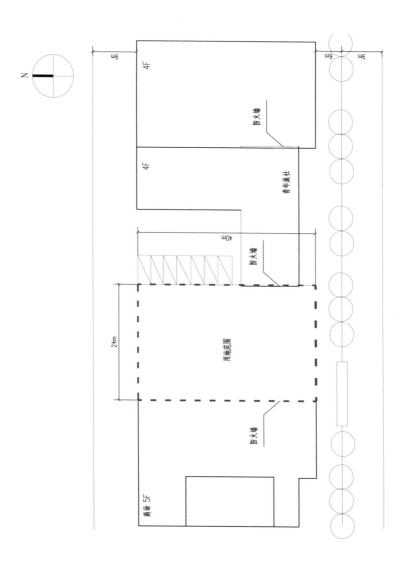

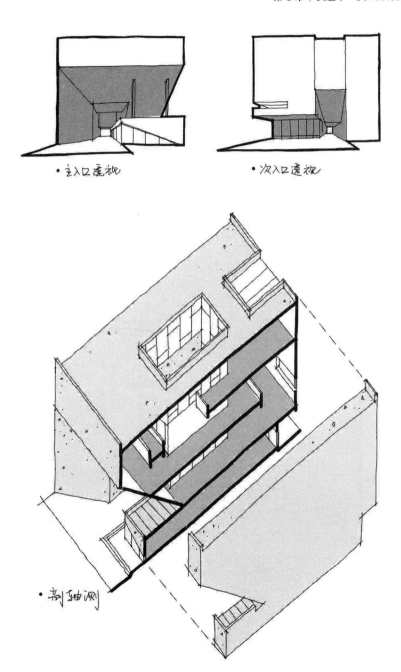

• 主入口透视

• 次入口透视

• 剖轴测

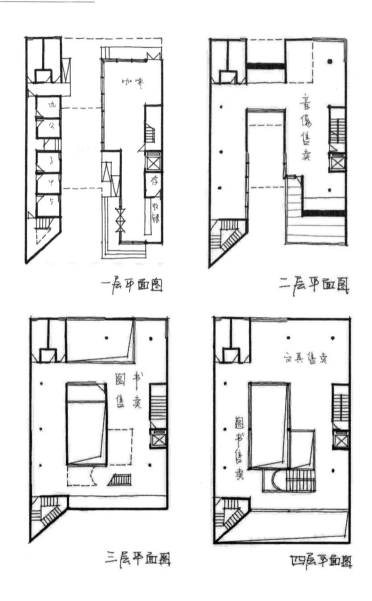

一层平面图

二层平面图

三层平面图

四层平面图

策略分析

■ 综合分析人流来向，场地周边环境功能，新建建筑底层需满足流线贯

通，贯通南北两侧步行街，保持场地的可通行性；

- 将南北两侧的步行街界面作为建筑主要的积极面处理，用减法操作塑造出沿街的入口空间；
- 一层主要功能入口界面用幕墙材料，增强引导性，同时塑造立面的虚实对比关系；
- 两侧既有建筑的防火墙遮挡导致采光条件不佳，在建筑中庭院设置采光天井解决采光问题。

造型分析

- 贯通的底层通道增强了建筑的可达性和公共性，以积极的姿态回应场地所处环境；
- 造型中的天井和天窗在解决建筑采光不利的同时暗示内部丰富的空间；
- 造型体块的斜面手法使沿步行街立面丰富、有变化。

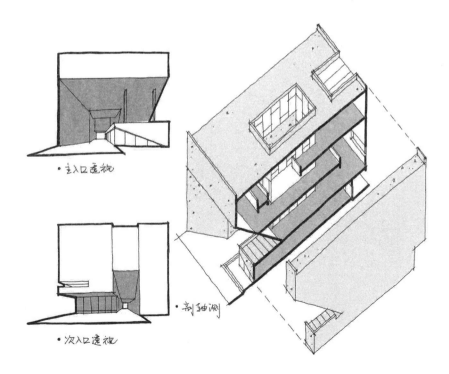

- 主入口透视
- 次入口透视
- 剖轴测

平面分析

- 建筑一层架空，满足南北向步行街人流穿行；
- 建筑二、三、四层整体呈现以采光天井为回形平面；
- 辅助功能打包集中设置在一层西侧采光不佳处；
- 局部塑造通高空间，增加室内空间的丰富程度。

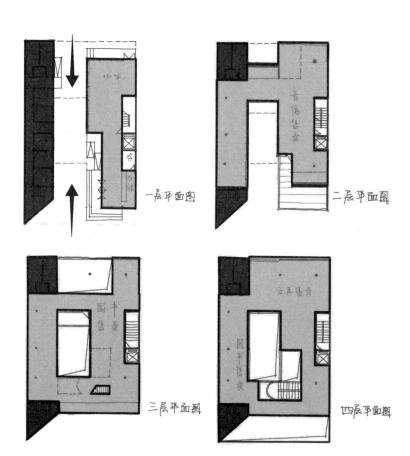

3.6.5 商办类建筑设计策略案例拆解

3.6.5.1 华润集团档案馆

设计策略：1. 场地坡度较大；2. 调整土方，布置仓库，不需要采光；3. 顺应地势，退台趋势，退台不一定退层，可退局部，引入天光；4. 结合空间，利用减法，咬合体量细化造型。

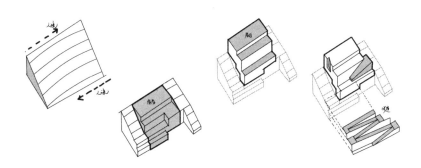

3.6.5.2 中林仓库

设计策略：1. 不规则高差狭长基地，有现存墙体，商业功能需要多店铺入口与商业展示面；2. 顺应地势，退台形体置入，断开增加展示面；3. 通过体量与连廊连接，梳理连续路径；4. 屋顶统一为单坡，不同角度，增加造型细节。

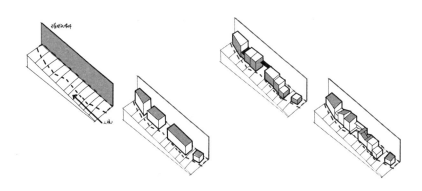

3.6.5.3 特斯联科技集团人工智能城市先行区

设计策略：1. 场地是水平向的坡地，临水，等高线分布不均匀，密集区域布置体量，土方调整过大，所以比较适合分散布置的策略；2. 利用片墙进行划分，分成6段；3. 将片墙进行空间扩充，补充辅助空间和疏散交通，主辅分区，是一种平面的造型表达；4. 造型细节处理：根据功能，具体地势，调整体量高度，天际线控制。置入庭院采光，屋顶与室外露台结合，用大台阶联系，临水界面增加亲水平台。

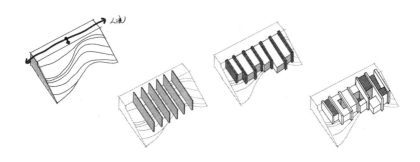

3.6.5.4 星宿城市公寓售楼处

设计策略：1. 场地为城市转角的狭长基地，售楼处功能较为复合，主要以展览为主；2. 采用条形体量；3. 周边为小肌理城市环境，屋顶起伏，化解尺度；4. 顺着城市界面不同功能房间进退处理。

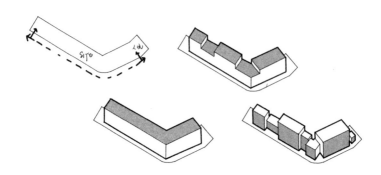

3.6.5.5 Batirieul社区商办楼均衡器办公室

设计策略：1. 基地位于城市转角，有两个展示面，场地面积较小，功能竖向发展；2. 将空间分为面向城市虚空间与满足使用需求的实空间；3. 实体空间采用减法策略，增加公共性与底层开放性；4. 虚空间利用片墙组织垂直交通与环境平台。实虚空间相互融合。

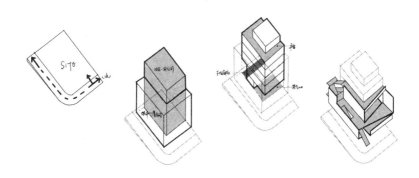

3.6.5.6 MDC总部

设计策略：1. 较为规则的平行四边形场地，角度较小，周围环境复杂，可以采用内向庭院的方法，与周围隔绝，类似之前案例营发布的上海棋舍和硕集幼儿园；2. 底层架空，内向的围墙，并置条形体量等要素营造内向环境；3. 体块根据场地斜边扭转，这种形体变形也可呼应风景；4. 体块细节变化，局部断开，抬升下降，丰富空间体验。

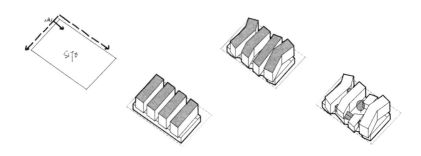

3.6.5.7 佳能生产印刷总部

设计策略：1. 规则场地，采用方盒体量；2. 采用3×3的模数，中庭解决内部采光；3. 旋转上升的空间模式，视线延伸性强；4. 根据功能需求，局部造型减法。

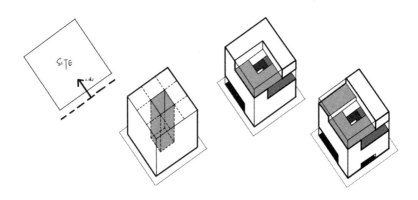

3.6.5.8 韩国waveon海边咖啡厅

设计策略：1. 海边的不规则场地；2. 采用不规则实体，界面与海面平行。空间策略为中部放置垂直交通，保证各界面的景观性；3. 形体错位，旋转，中部垂直交通为圆心；4. 局部减法，利用片墙，悬挑平台完形。

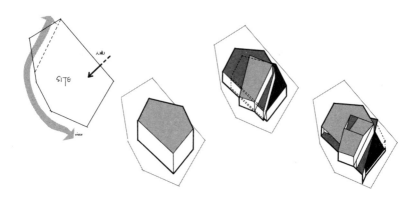

3.6.5.9 济南市龙洞停车场综合楼

设计策略：1. 规则场地，远山为限定条件；2. 倾斜屋顶呼应远山；3. 体量减法，庭院引入光线，中部通高空间，连续大台阶营造公共空间；4. 体量加法，增加大空间功能。

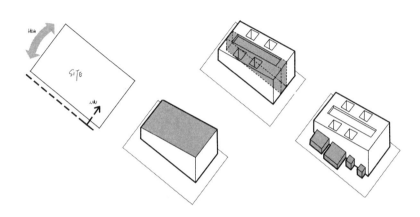

3.6.5.10 西京湾田园餐厅

设计策略：1. 不规则场地，场地存在微高差，雪松需要呼应；2. 平行一条边局部偏移的条形体量，其他为室外就餐区；3. 形体扭转呼应雪松，前后错层应对高差。形成后院；4. 造型加减法，视线渗透。

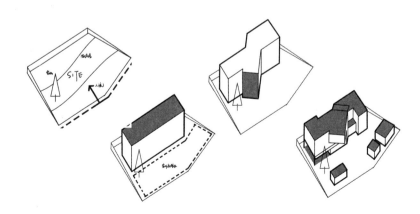

3.6.5.11 萨拉莫水晶办公室

设计策略：1. 场地位于古城堡的花园旧址，两侧临道路，极不规则场地；2. 限定围墙，营造内向空间，实墙材质与城堡材质一致；3. 办公室体量整体偏移，类L形形体，直角空间利于使用。建筑采用双层玻璃，与实墙轻重对比，新旧对比；4. 形体角部减法，增强体量感，入口雨棚限定空间。

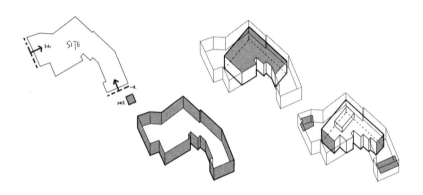

3.6.5.12 意大利布列瑟农旅游咨询处

设计策略：1. 街角三角场地，现存两棵树，一侧毗邻教堂；2. 利用圆切割形态，端部结合树形成小广场；3. 建筑环树而立，低调实体量呼应教堂；4. 弧线切割形体，营造入口灰空间。

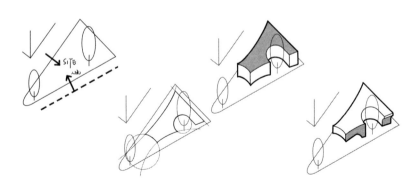

3.6.5.13 七色山矿坑花园游客中心

设计策略：1. 场地位于公园内部，四方景观；2. U形形体，凹角呼应主要人流来向；3. 局部断开，视线、人流穿透；4. 平台连接，屋面弯折，穿透虚空间可布置垂直交通。

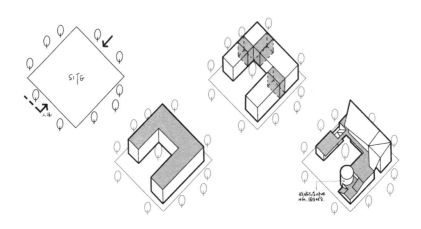

3.6.5.14 长兴岛郊野公园游客中心

设计策略：1. 场地位于水边，岸线S形，人流来自公园路径，多方向；2. 条形基本形，顺应岸线弯折；3. 条形平面中部断开，利于组织功能流线，布置通高空间营造线性空间序列节点空间；4. 屋面起伏变化，造型拟"山峰"，层高随之变换。

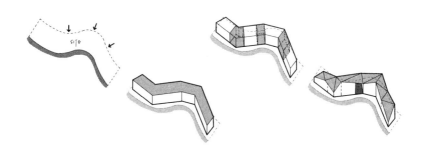